Schöpfung und Geist

ELEMENTA

Schriften zur Philosophie und
ihrer Problemgeschichte

herausgegeben von

Rudolph Berlinger und
Wiebke Schrader

Band 58 — 1993

Amsterdam - Atlanta, GA 1993

Schöpfung und Geist

Studien zum Zeitverständnis Augustins im XI. Buch der Confessiones

von

Dorothea Günther

ISBN: 90-5183-453-5 (CIP)

Printed in The Netherlands

Satz: LaTeX

Meinem Vater in
Dankbarkeit gewidmet

Inhaltsverzeichnis

Einleitung

Mit den Begriffen Schöpfung und Geist werden zwei maßgebende Exponenten des augustinischen Denkens genannt. Sie charakterisieren seinen Denkhorizont, der zugleich von antikem und christlichem Gedankengut geprägt ist. Die vorliegende Arbeit sieht in der Auseinandersetzung Augustins mit der Zeit im XI. Buch der Confessiones[1] beide Einflüsse wirksam, indem Augustinus die Zeit einerseits in die Auslegung der Genesis einbettet und unter dieser Rücksicht die Zeit letztendlich als geschaffen, als *creatum*, bestimmt; er andererseits aber den Weg einer philosophischen Reflexion beschreitet, an dessen Ende er die Zeit als *distentio animi*, als Erstreckung des Geistes, zu fassen vermag.

Beide Lösungsversuche bleiben aber unvermittelt nebeneinander stehen, da Augustinus die Konsequenz seiner eigenen Problementwicklung nicht zieht, nämlich die Bestimmung der Zeit als *creatum* zugunsten der Bestimmung der Zeit als *distentio animi* aufzugeben.

Dieser doppelte Ansatz zeigt deutlich, vor welche methodische Schwierigkeit ein jedes von der Neuzeit bestimmtes Denken geführt wird, inwieweit bei diesem Text philosophisches und theo-

---

[1] Die Confessiones werden nach folgender Ausgabe zitiert: Augustinus: Confessiones, lat. u. dt. eingeleitet, übersetzt und erläutert von Josef Bernhart, 4. Auflage, München 1980.

Beziehen sich die Literaturangaben auf das XI. Buch der Confessiones, so werden nur die Kapitel angegeben. Die Ziffer nach dem Schrägstrich bezieht sich auf die in der Bernhart-Ausgabe durchgezählten Zeilen des jeweiligen Kapitels, um eine genauere Angabe der Textstelle zu ermöglichen. Die anderen Bücher der Confessiones werden mit der entsprechenden römischen Ziffer versehen. Die Übersetzungen wurden größtenteils von mir selbst besorgt, da der enge Textbezug sich als hilfreich erwies, manche Probleme deutlicher hervortreten zu lassen. In diesem Zusammenhang war die Arbeit von E. P. Meijering: Augustin über Schöpfung, Ewigkeit und Zeit. Das elfte Buch der Bekenntnisse. (Philosophia Patrum 4) Leiden, 1979 sehr gewinnbringend.

logisches Denken differenziert werden kann und muß, ohne sich dem Vorwurf einer Metabasis eis allo genos auszusetzen.

Augustinus selbst kannte diese Unterscheidung der Disziplinen nicht, da er die *vera philosophia* als *vera religio* verstand. Somit ist es die Aufgabe eines philosophischen Interpreten, diesem Problem Rechnung zu tragen, d.h. auch aus heutiger Sicht theologische Fragen zu berücksichtigen. Denn will Philosophie ihrem Anspruch einer ersten Wissenschaft — und das heißt, Grundlagenwissenschaft aller Wissenschaften zu sein — gerecht werden, so darf sie keine, auch nicht theologische, Fragen ausklammern. Das ist das Anliegen der vorliegenden Überlegungen.

Für die methodische Vorgehensweise heißt das, daß zunächst das Denken Augustins mit allen seinen Implikationen im Mittelpunkt stehen muß, um diese dann auf die Bedeutung ihrer jeweiligen Observanz hin zu befragen. An dieser Stelle muß eine Differenzierung theologischer und philosophischer Fragerücksichten einsetzen und sich zugleich zeigen, ob und ggf. worin Augustinus das Problem der Zeit einsichtig machen kann.

Die Vermittlung des zweifachen Problemansatzes kann nur im Horizont einer Analogia-entis-Lehre durch die Geschaffenheit des *animus*, der *anima*[2], die ihrerseits ihre je eigene Zeit neu „schafft", geleistet werden.

Für die Frage nach dem Sein der Zeit würde das bedeuten, daß sie in die Frage nach der Zeitlichkeit[3] zu überführen ist und die Zeit, die nur als reflektierte ist, aus der *anima*, der Subjektivität des Subjektes Mensch, begriffen werden muß. Dieser Interpretationsversuch hat für das Verhältnis von Ewigkeit und Zeit zur

---

[2]In diesem augustinischen Kontext können *animus*, *anima* und *memoria* als unterschiedliche Begriffe für *einen* Prinzipiensachverhalt genommen werden. Dies wird im besonderen durch das X. Buch einsichtig und hält sich im gesamten XI. Buch durch.

[3]Der Begriff *Zeitlichkeit* soll als das jedwedes Seiende Bedingende verstanden werden und steht nicht in der Tradition Heideggers. Die Entwicklung des hier gemeinten Verständnisses von Zeitlichkeit ist zunächst in § 1.5 „Zeit und Zeitlichkeit" dargelegt, wird aber im Zuge der Auseinandersetzung mit dem Verhältnis der *anima* zur Zeit als dem Begreifen der Zeit als Zeitlichkeit näher erläutert.

Folge, daß Zeit als *vestigium aeternitatis* erscheinen kann, da die *anima* durch ihre Geschaffenheit am höchsten Sein teilhat.

Für die Entscheidung, das Zeitproblem unter systematischer Rücksicht zu bearbeiten und nicht linear am Text entlangzugehen, spricht methodisch, daß Augustinus selbst keinen in sich durchstrukturierten Text vorlegt. Das hängt mit seiner Vorgehensweise zusammen, das Problem auf verschiedenen Ebenen zu umkreisen, früher fallengelassene Fragestellungen erneut aufzugreifen und so das Problem zu konturieren, was allerdings zur Folge hat, daß seine Fragen zum Teil hinter den von ihm bereits erreichten Problemstand zurückfallen.[4] Er gibt einen teilweise expliziten, größtenteils aber impliziten Problemaufriß in nicht systematischer Weise, der durch ein insistierendes Fragen gekennzeichnet ist. Durch die eindeutige Quellenlage kann hier auf eine eingehende Auseinandersetzung mit der Textgestalt verzichtet werden.

Eine vieldiskutierte Frage bei diesem Thema ist, ob das XI. Buch der Confessiones unabhängig von den übrigen zwölf behandelt werden darf. Dieser Überlegung liegt die Frage zugrunde, ob uns in den Confessiones zwei Teile vorliegen, wovon der erste sich vom I. Buch bis zum IX. Buch, und der zweite Teil vom XI. Buch bis zum XIII. Buch erstreckt, wobei das X. Buch eine Zwischenstellung einnimmt, oder ob die Confessiones als eine Gesamtheit anzusehen sind. Der hier vorliegende Interpretationsversuch hält beide Aspekte in ihrer Zusammenschau für berechtigt. Im XI. Buch setzt sich Augustinus eingehend mit dem Problem der Zeit auseinander, was eine vornehmliche Beschäftigung mit diesem Buch erlaubt. Daß es jedoch im Zusammenhang mit den übrigen zwölf Büchern gesehen werden muß, zeigt sich im besonderen am X. Buch. In ihm überlappen sich sowohl die resümierende Lebensbeschreibung als auch das systematische Interesse Augustins, seine Entfaltung der Memoria-Lehre, der grundlegende Bedeutung für das Zeitproblem zukommt.

---

[4] Am markantesten wird dies am Beispiel der Quid-Frage. Obwohl Augustinus bereits im 26. Kapitel Zeit als *distentio* bestimmt (26,33/30), fragt er im selben Atemzug: „*Was also messe ich?*“ (26,33/32 und 26,33/39). Im Verlauf der Arbeit taucht das Problem immer wieder auf.

Die vorliegende Arbeit verfolgt nicht das Ziel einer umfassenden Auseinandersetzung mit der sie betreffenden Sekundärliteratur. Es geht vielmehr darum, die sich aus der Sache ergebenden Probleme herauszuarbeiten. Das leitende Interesse ist nicht von historischer Art. *Zeit* als Sachproblem, dem sich jedes philosophische Denken stellen muß, ist ein Thema von größter Brisanz. Aufgrund der Endlichkeit unseres Denkens sei es dahingestellt, ob das Problem Zeit überhaupt jemals befriedigend beantwortet werden kann, oder ob das Denken immer neu genötigt sein wird, sich mit ihm auseinanderzusetzen. Augustinus ist es aber sicherlich zu verdanken, das Problem einen entscheidenden Schritt vorangebracht zu haben.

§1. Tendere ad esse — tendere ad nihil als Horizont von Zeit

„Wir wissen, Herr, wir wissen, in dem Maße, in dem etwas nicht ist, was es war, und etwas ist, was nicht war, in dem Maße stirbt und entsteht es.“[1]

Diese alltägliche Erfahrung mit der Zeit schreitet den Bogen vom *nondum esse* zum *esse* und von diesem zum *iam non esse* ab. Es ist die unvergleichbare Unterschiedenheit von *esse* und *nihil*, die jedoch in einem Punkt eine Gemeinsamkeit aufweisen: Sie sind beide Bestimmungen des Seienden. Das Denken, das die Zeit zu bestimmen sucht, wird in die ontologische Aporie von *Sein* und *Nichts* geführt und rührt somit an die eigene Zeitlichkeit und Endlichkeit. Fragen nach dem *esse*, *praeterire*, *nondum esse* und *iam non esse* werden virulent.

1. Die Quid-Frage und ihre Implikationen

Die Frage *„Quid est ergo ‚tempus'?“* steht zu Beginn der augustinischen Zeiterörterung. Mit „was“ fragt Augustinus nach dem Wesen, nach dem, was die Zeit *qua* Zeit ist.

Der Begriff *Wesen* ist sowohl in der Terminologie der griechischen Philosophie als auch im Gebrauch des mittelalterlichen Latein nicht von dem Begriff *Sein* zu trennen, so wie dies in der späteren Entwicklung oft geschah.[2] Das bedeutet für die augustinische Quid-Frage, daß sie auch auf das Sein der Zeit zielt und nicht nur auf das Wesen der Zeit in rein phänomenologischer

[1] *„Novimus, domine, novimus, quoniam in quantum quidque non est quod erat et est quod non erat, in tantum moritur et oritur.“*(7,9/11ff.)

[2] An dieser Stelle wäre eine problemgeschichtliche und systematisch orientierte Bearbeitung der Begriffe *Sein* und *Wesen* erforderlich, was allerdings nur in einer sich diesen Termini eigens zuwendenden Arbeit möglich ist.

Hinsicht. Natürlich kann die Wesens-Frage in unterschiedlichen Dimensionen gestellt werden, wollte man beispielsweise den Wesensbegriff an einem sich erst später entwickelnden Wesensverständnis orientieren, für das eine grundlegende Unterscheidung von *Wesen* und *Sein* charakteristisch ist. Unter dieser Rücksicht müßte geklärt werden, ob die Wesensfrage, an das Problem der Zeit gerichtet, ausreichend gestellt ist. Sieht man aber auf die Bedeutung von *Wesen* und *Sein* zur Zeit Augustins, so wird man einen bis zur Synonymität reichenden Gebrauch dieser beiden Begriffe feststellen können. Sowohl für die griechische als auch für die mittelalterliche Philosophie stand *essentia* für *Sein* und *Wesen*. Das gilt ebenfalls für Begriffe wie *forma*, *natura*, *quidditas*, *substantia* und *esse*.[3] Für die augustinische Quid-Frage heißt das, daß sie auf das Sein zielt, da nur von dem ein Wesen ausgesagt werden kann, dem Sein zukommt.

Warum aber geht Augustinus gerade von der Quid-Frage aus? Folgende Gründe scheinen für diesen Ansatz zu sprechen:

1.) Die Frage, was die Zeit sei, wird von ihm im Horizont der Genesisauslegung gestellt. Die Voraussetzung Gottes als dem höchsten Sein, als dem Schöpfer aller Dinge, ermöglicht ihm, die Schöpfung als *vestigia* des *Magnum Est* zu begreifen.[4] So steht die Quid-Frage unter der Rücksicht der Geschaffenheit der Zeit[5] und kann als sich aus diesem Zusammenhang konsequent ergebende Fragestellung in bezug auf die Seiendheit der *creatura* angesehen werden.[6]

2a.) Die Quid-Frage wird aufgrund alltäglicher Zeiterfahrungen gestellt: *„Was ginge uns beim Reden vertrauter und geläufiger vom Munde als ‚Zeit'? Beim Aussprechen des Wortes verstehen wir auch, was es meint, und verstehen es gleichso, wenn wir*

[3] vgl. Ludwig Schütz: Thomas-Lexikon. Sammlung, Übersetzung und Erklärung der in sämtlichen Werken des h. Thomas von Aquin vorkommenden Kunstausdrücke und wissenschaftlichen Aussprüche. Photolithographischer Nachdruck der zweiten, sehr vergrösserten Auflage, Paderborn 1895, S. 285.

[4] vgl. 4,6/10ff.

[5] vgl. 14,17/1f.

[6] Die sich aus diesem Ansatz ergebenden Probleme werden in § 4.2 „Zeit als creatum und distentio animi" erörtert.

es einen anderen aussprechen hören. Was ist also ,Zeit'? Wenn mich niemand danach fragt, weiß ich es; will ich einem Fragenden es erklären, weiß ich es nicht."[7] Wir scheinen selbstverständlich mit Zeit umzugehen, ohne uns dessen bewußt zu sein. Offenbar haben wir ein vorreflexives Wissen von Zeit.

2b.) In diesem Zusammenhang ist seine These zu sehen, daß es vergangene, gegenwärtige und künftige Zeit ,gäbe' und vergangene Zeit an Vergehendes, künftige Zeit an Herankommendes und gegenwärtige Zeit an Seiendes gebunden sei.[8] In der Dimension der alltäglichen Zeiterfahrungen ist noch keine Differenzierung von Vergangenem und Vergangenheit, Gegenwärtigem und Gegenwart, Künftigem und Zukunft vorhanden. Daher auch die leichtfertige Umgehensweise mit diesen Begriffen, die, unterzöge man sie einer systematischen Betrachtung, auf eine Metabasis eis allo genos hinweisen würden. Ernst Schmidt führt diese zunächst unreflektierte Annahme der drei Zeitmodi auf die schulmäßig temporale Entfaltung von *sein* in ,war', ,ist' und ,wird sein' zurück.[9]

3.) Es stellt sich die Frage, ob es sprachlich überhaupt möglich ist, eine Aussage zu machen, ohne dabei nicht unterderhand ein *Etwas* zu unterstellen. So sei beispielsweise darauf verwiesen, daß der im Deutschen gebräuchliche Artikel ein *Etwas* impliziert. Hier liegt ein Problem für die Übersetzung des lateinischen Textes ins Deutsche: So ist zu unterscheiden, ob ich *„Quid est ergo ,tempus'?"* übersetze mit *„Was aber ist die Zeit?"* oder mit

---

[7] *„Quid autem familiarius et notius in loquendo conmemoramus quam ,tempus'? Et intellegimus utique, cum id loquimur, intellegimus etiam, cum alio loquente id audimus. Quid est ergo ,tempus'? Si nemo ex me quaerat, scio; si quaerenti explicare velim, nescio."* (14,17/8ff.)

[8] vgl. 14,17/15ff.

[9] vgl. Ernst A. Schmidt: Zeit und Geschichte bei Augustin. (Sitzungsbericht der Heidelberger Akademie der Wissenschaften, Philosophisch-historische Klasse, Bericht, Jg. 1985, 3) Heidelberg 1985, S. 21.

Vgl. ferner X 10,17/1f.: *„Es gäbe drei Arten von Fragen: Ob etwas ist, was es ist und wie es beschaffen ist."* Die Frage, ob etwas ist, stellt Augustinus mit Bezug auf die Zeit nicht, denn daß Zeit ist, geht für ihn aus der Gewißheit der alltäglichen Zeiterfahrungen hervor. An dieser Stelle beschränkt er sich darauf zu fragen, was und wie Zeit ist (vgl. 14,17/13; 15,18/8).

„Was aber ist ‚Zeit'?". Spätestens in dem Augenblick, in dem ich genötigt bin, einen Genitiv zu bilden, kann ich mich der sprachlichen Bestimmung *der Zeit* als einem Etwas nicht mehr entziehen.

Durch die drei Aspekte sollte deutlich werden, warum Augustinus die Frage nach der Zeit mit *quid* ansetzt. Entscheidend aber wird im folgenden sein, herauszuarbeiten, worin die Konsequenzen dieses Ansatzes zu sehen und welche Grenzen dieser Fragestellung notwendigerweise immanent sind.

Wenn die Quid-Frage das Sein der Zeit in den Blick rückt, so muß geklärt werden, was der Begriff *Sein* in diesem Zusammenhang meint. Folgende Textstellen geben darüber Auskunft:

— *„... da doch Zeit, sobald sie abgelaufen ist, nicht seiend ist. Vielmehr sollten wir sagen: Lang gewesen ist eine Zeit in ihrer Gegenwart; denn als anwesend seiende war sie lang. Da war sie ja noch nicht vergangen, so daß sie seinslos gewesen wäre, und war sonach, was lang sein konnte; aber dann, nun schon vergangen, hat sie zugleich aufgehört, lang zu sein, weil sie aufgehört hat zu sein."*[10]

— *„Denn wenn sie auch dort erst künftig sind, so sind sie dort noch nicht; wenn sie auch dort vergangen sind, so sind sie dort nicht mehr. Also wo auch immer sie sind, und was auch immer sie sind, sie sind nichts als Gegenwart."*[11]

— *„Was aber schon ist, ist nicht künftig, sondern ist gegenwärtig."*[12]

— Ferner siehe: 14,17/20ff.; 21,27/9ff.

Augustinus bestimmt das Sein als gegenwärtig: Seiend sein heißt gegenwärtig sein. Daraus folgt: Was nicht gegenwärtig ist,

[10] *„... quando, ex quo praeteritum est, non est, sed dicamus: Longum fuit illud ‚praesens' tempus, quia cum praesens esset, longum erat. Nondum enim praeterierat, ut non esset, et ideo erat, quod longum esse posset; postea vero quam praeteriit, simul et longum esse destitit, quod ‚esse' destitit."* (15,18/24ff.)

[11] *„Nam si et ibi futura sunt, nondum ibi ‚sunt', si et ibi praeterita sunt, iam non ibi ‚sunt'. Ubicumque ergo sunt, quaecumque sunt, non ‚sunt' nisi praesentia."* (18,23/6ff.)

[12] *„Quod autem iam ‚est', non futurum sed praesens est."* (18,24/3f.)

ist nicht so, wie Seiendes ist; denn würde dieser Nachsatz „so, wie Seiendes ist" *nicht* folgen, hieße es, Augustinus zu unterstellen, daß er Gegenwärtig-seiend-sein als die einzig mögliche Seinsweise und Seinsart postulieren würde. Das darf wohl nicht als zutreffend angenommen werden.

Der Begriff des Gegenwärtigseins wird von Augustinus zunächst aber an den Begriff des Seienden gebunden[13], und damit liegt eine Einschränkung des Fragehorizontes vor: Es ist die Dimension des wahrnehmbar faktisch Seienden, in der das Sein von Zeit gesucht wird. Doch die Suche läßt das Problem nur deutlicher hervortreten:

„Diese zwei Zeiten, also Vergangenheit und Zukunft, wie sind sie, da sowohl das Vergangene doch nicht mehr ist, als auch das Zukünftige noch nicht ist? Die Gegenwart aber, wenn sie immer Gegenwart wäre und nicht in Vergangenheit überginge, wäre nicht mehr Zeit, sondern Ewigkeit. Wenn also Gegenwart, damit sie Zeit wird, deswegen entsteht, weil sie in Vergangenheit übergeht, wie können wir von ihr sagen, daß sie sei, da ihr Seinsgrund ist, daß sie nicht sein wird ...?"[14]

Die Aporie drückt sich in dem Begriffspaar *esse* - *nihil* aus. Von beiden wird die Gegenwart als *tendit non esse* bestimmt:

[13] Wenn es auch im Rahmen dieser Arbeit nicht möglich ist, so müßte sich nun eine Untersuchung über die Frage anschließen, inwieweit der augustinische Seins-Begriff von der griechischen Ontologie beeinflußt ist und welche Probleme er ggf. damit übernehmen würde. Dazu siehe u.a.:

— Ulrich Duchrow: Der sogenannte psychologische Zeitbegriff Augustins im Verhältnis zur physikalischen und geschichtlichen Zeit. In: Zeitschrift für Theologie und Kirche 63, 1966, S. 267ff., bes. S. 270, 279f.;

— E. Schmidt: Zeit und Geschichte bei Augustin, bes. S. 20ff.;

— Alexius J. Bucher: Der Ursprung der Zeit aus dem Nichts. Zum Zeitbegriff Augustins. In: Recherches Augustiniennes 11, Paris 1976, S. 35ff., bes. S. 45ff.

[14] *„Duo ergo illa tempora, praeteritum et futurum, quomodo sunt, quando et praeteritum iam non ‚est' et futurum nondum ‚est'? Praesens autem si semper esset praesens nec in praeteritum transiret, non iam esset tempus, sed aeternitas. Si ergo praesens, ut tempus sit, ideo fit, quia in praeteritum transit, quomodo et hoc esse dicimus, cui causa, ut sit, illa est, quia non erit ...?"* (14,17/19ff.)

„... so daß wir offenbar nur davon sprechen, daß Zeit ist, wenn nicht, weil sie zum Nicht-Sein strebt?“[15]

Die Grenze des augustinischen Frageansatzes ist in seiner Beschränkung auf die Seinsweise eines *etwas* in der Dimension des faktisch Gegebenen zu sehen und in der sich daraus ergebenden Konsequenz, das *esse* nicht eruieren zu können. Die Bestimmung der Gegenwart als *tendit non esse* läßt die Frage nach der Gegenwart selbst und dem *praeterire* relevant werden, das vom *nondum esse* zum *iam non esse* die Zeitmodi abschreitet.

2. Die Gegenwart und ihre unterschiedlichen Rücksichten

Ausgehend von der Quid-Frage und ihrem eingeschränkten Fragehorizont bieten sich für Augustinus zunächst nur zwei Möglichkeiten an, die Gegenwart zu bestimmen: Entweder er kann ihr *esse* eruieren, was ihm in der Dimension des Faktischen nicht gelingt, da er zum einen nicht zwischen Gegenwart und Gegenwärtigem unterscheidet, (was allerdings erst in dem Augenblick zum Tragen kommt, in dem er seine Fragen differenziert[16]), zum anderen die gegenwärtige Zeit als *creatum* wie andere *creata* versteht; oder er muß sie aufgrund ihrer Nicht-Eruierbarkeit als den Augenblick bezeichnen, so winzig, daß er nicht teilbar und damit unausgedehnt ist.[17] In diesem Fall kann von einem Jetztpunkt gesprochen werden, der nicht als ein Etwas faßbar ist, sondern einer logischen Bestimmung gleichkommt. Diese Bestimmung der ausdehnungslosen Gegenwart wird von Augustinus aber nicht explizit von der Gegenwart eines Etwas, einem Gegenwärtigen abgehoben, woraus die immer wieder entstehenden Schwierigkeiten, insbesondere

---

[15] *„... ut scilicet non vere dicamus tempus esse, nisi quia tendit non esse?“* (14,17/27ff.)

[16] vgl. 15,20/20ff. bezüglich der Fragen *ubi* und *quando.*

[17] vgl. 15,20/11ff. mit dem Ergebnis: *„... praesens autem nullum habet spatium.“*

für die Fragen nach der Meßbarkeit von Zeit und dem Sein von Vergangenheit und Zukunft, resultieren.

Dahingegen hebt Augustinus die Dimension der Gegenwärtigkeit der *anima humana* von der ausdehnungslosen Gegenwart ab. Will die *anima humana* sich eingedenk werden, so kann sie das nur als Gegenwärtige. Sich selbst gegenwärtig kann sie über Vergangenes oder Künftiges nachdenken; ihre Identität wird durch ihre seiende Gegenwärtigkeit ermöglicht. Mit Bezug auf diese spricht Augustinus der Vergangenheit und Zukunft ein Sein als *memoria* und *expectatio* zu: *„Das aber nun ist klar und deutlich: weder Künftiges noch Vergangenes ist, noch läßt sich eigentlich sagen: Zeiten sind drei, Vergangenheit, Gegenwart und Zukunft, aber vielleicht könnte man im eigentlichen Sinne sagen: Zeiten sind drei: Gegenwart von Vergangenem, Gegenwart von Gegenwärtigem, Gegenwart von Künftigem. Denn diese sind in der Seele drei und anderswo sehe ich sie nicht, Gegenwart von Vergangenem als Erinnerung, Gegenwart von Gegenwärtigem als Anblick und Gegenwart von Künftigem als Erwartung.“*[18]

Die entscheidende Frage ist: Was heißt *in anima tria*? Die *anima* ist die Dimension, in der die drei Zeiten *sind*. Dadurch, daß sie als *memoria*, *contuitus* und *expectatio* näher bestimmt sind, werden sie als Akte verstanden, deren Identität und Einheit die *anima* ermöglicht. D.h., daß die *anima* der ermöglichende Grund ihres Seins ist, und daß Zeit, wenn sie ist, als reflektierte Zeit, *eine* ist. Dadurch, daß sie nur aufgrund ihrer Gegenwartsbezogenheit für das reflektierende Subjekt ist, müssen ihre Zeitmodi als Modi der *anima* verstanden werden.[19]

---

[18] *„Quod autem nunc liquet et claret, nec futura ‚sunt‘ nec praeterita, nec proprie dicitur: tempora ‚sunt‘ tria, praeteritum, praesens et futurum, sed fortasse proprie diceretur: tempora ‚sunt‘ tria, praesens de praeteritis, praesens de praesentibus, praesens de futuris. Sunt enim haec in anima tria quaedam et alibi ea non video, praesens de praeteritis memoria, praesens de praesentibus contuitus, praesens de futuris expectatio.“* (20,26/1ff.)

[19] Die Bedeutungsvielfalt des Begriffes *Modus* reicht von der Art und Weise über die Regel, die Grenze und das Ziel bis hin zum Maßhalten, dem Maßstab und dem Maß selbst. Im *Modus* wird die zu bestimmende Sache näher erläutert. Für die Zeitmodi heißt das, daß sie die verschiedenen Weisen der

Was dies im einzelnen für die *anima* bedeutet, wird in § 2.2 „Die Memoria-Lehre in ihrer Bedeutung für die Zeit" erörtert; ferner die Frage, ob Augustinus damit der Zeit Objektivität abspricht und was diese ggf. für die Zeit der anderen *creata* bedeuten würde. Eine Auseinandersetzung mit diesen Fragen kann angemessen erst unter Zuhilfenahme der Memoria-Lehre erfolgen.

Fazit der augustinischen Erörterungen aber ist die Unterscheidung der Gegenwart als:

— Gegenwart eines Seienden
— Gegenwärtigkeit der *anima humana*
— *contuitus*
— logische Bestimmung eines Jetztpunktes.

Diese unterschiedlichen Rücksichten der Gegenwart werden bei Augustinus meist nur indirekt deutlich. Die Gegenwart, als Jetztpunkt verstanden, hat für ihn die geringste Bedeutung, was aufgrund seiner ontologischen Fragerücksicht einsichtig wird.

3. Die drei Zeitmodi und ihr Verhältnis zueinander

Die Bestimmung des Seins der drei Zeitmodi als *memoria*, *contuitus* und *expectatio* in der Dimension der Gegenwärtigkeit der *anima humana* läßt die Frage nach ihren jeweiligen Bedeutungen und ihrem Verhältnis zueinander relevant werden. Die bereits im vorhergehenden Abschnitt getroffene Unterscheidung bezüglich der Gegenwart kann auch hier fruchtbar gemacht werden. Erstens die Frage nach dem Seinsstand von Vergangenheit, Gegenwart und Zukunft und der damit verbundenen spezifischen Probleme der einzelnen Modi, zweitens ihre logische Bestimmung und drittens ihre jeweilige Bedeutung und ihr Verhältnis zueinander.

Zeit darstellen. Werden sie als Modi der *anima* verstanden, so beziehen sich die genannten Bedeutungen auf diese selbst, die somit einerseits durch die Modi näher bestimmt wird, andererseits sich selbst in der Weise der jeweiligen Modi auslegt. In der Bedeutung des Modus als Maß zeigt sich die *anima* als maß-setzende und damit sich selbst als Maß ihrer selbst auslegende (siehe dazu die Ausführungen in § 3.5 „Die Frage nach dem Ursprung des Maßstabes").

1.) Den Seinsstand von Vergangenheit, Gegenwart und Zukunft bezeichnet Augustinus, ausgehend von seinem *esse*-Verständnis, als *nondum esse*, *esse* und *iam non esse*. Unter dieser Rücksicht nimmt die Gegenwart eine hervorragende Stellung ein, da mit ihr das *esse* gegeben zu sein scheint. Wollte man dem Problem des Gegebenseins im einzelnen nachgehen, müßte dies im Bereich der Erkenntnistheorie verortet werden. Diese Frage umfassend bei Augustinus zu behandeln, ist in dem hier gesetzten Rahmen nicht möglich. Doch kann sie keineswegs gänzlich ausgeschaltet werden, da die Frage nach dem Gegebensein von Etwas im besonderen für die Vergangenheit und Zukunft relevant ist.

Für die Gegenwart ist diese Frage auf dem Hintergrund des Schöpfungsgedankens folgendermaßen zu beantworten: Durch den Schöpfungsakt *sind* die *creata*. Hierzu gehört auch die *anima humana*, der es zudem gegeben ist, etwas wahrzunehmen und zu messen.[20] Wenn diese *creata* sind, sind sie gegenwärtig, und die *anima*, selbst ebenfalls gegenwärtig, kann sie anschauen (*contuitus*).

Bezüglich der Vergangenheit sucht Augustinus die Lösung für die Gegebenheit der Gegenstände in der Unterscheidung der Dinge selbst (*res ipsae*) und der Spuren (*vestigia*), die diese in der *memoria* hinterlassen haben. *„Freilich werden, wenn man Vergangenes wahr erzählt, nicht die Dinge selbst, welche vergangen sind, aus dem Gedächtnis hervorgeholt, sondern Worte, die aus den Bildern jener Dinge empfangen wurden, die durch unseren Sinn hindurchgehend gleichsam Spuren fest im Geiste einprägten.“*[21] Das Anschauen des hinterlassenen Bildes ist die Erinnerung, durch die das Vergangene mittelbar ist. Der Seinsstand von Vergangenem kann somit nicht mit dem des Gegenwärtigen gleichgesetzt werden. Beide beziehen sich auf einen gegebenen Gegenstand, der aber in unterschiedlicher Weise erscheint: als gegenwärtig angeschauter und als vergangen erinnerter.

---

[20] vgl. 15,19/1ff.

[21] *„Quamquam praeterita cum vera narrantur, ex memoria proferuntur non res ipsae, quae praeterierunt, sed verba concepta ex imaginibus earum, quae in animo velut vestigia per sensus praetereundo fixerunt.“* (18,23/10ff.)

Die Frage, ob für die Erklärung von Zukunft Ähnliches in Ansatz gebracht werden kann, erörtert Augustinus am Beispiel der Morgenröte: *„Ich betrachte die Morgenröte; ich sage den Aufgang der Sonne vorher. Was ich betrachte, ist gegenwärtig, was ich ankündige, ist künftig; nicht die Sonne ist künftig, die schon ist, sondern ihr Aufgang, der noch nicht ist: Dennoch, auch den Aufgang selbst könnte ich nicht vorhersagen, wenn ich nicht im Geiste es mir vorstellen könnte, wie jetzt, da ich davon spreche ... aber Künftiges kann aus Gegenwärtigem vorhergesagt werden, was schon ist und gesehen wird."*[22]

Die Erklärung Augustins beschränkt sich auf die *praemeditatio* einerseits und das Erkennen von Voranzeichen wie beispielsweise der Morgenröte andererseits. Der Aspekt des Vorausbedenkens einer Handlung macht deutlich, daß wir uns auf etwas, was möglicherweise in Zukunft eintreten könnte, aber nicht eintreten muß, beziehen. Hier können wir demnach nicht von dem Gegebensein eines Etwas sprechen. Der zweite Aspekt, der des Voranzeichens, ist konkreter zu fassen, seine Voraussetzungsgebundenheit aber umso größer: Auch hier wird zwischen der Sache selbst und den Voranzeichen unterschieden, durch die eine Vorhersage von erst Künftigem ermöglicht wird. Der entscheidende Punkt ist aber, daß ohne Kenntnis dessen, was ein Sonnenaufgang ist, die Voranzeichen nicht *als Voranzeichen* eines Sonnenaufganges bestimmt werden können. Daraus folgt, daß die Vorhersage von Künftigem auf der Erfahrung von Vergangenem beruht. Für die Frage nach dem Seinsstand von Vergangenheit, Gegenwart und Zukunft bedeutet das ihre Unvergleichbarkeit.

2.) Die Bestimmung der Vergangenheit, Gegenwart und Zukunft als formale Zeitkategorien trifft Augustinus nicht. Nur indirekt wird dies angedeutet.[23] Dadurch, daß er nicht zwischen Ge-

[22] *„Intueor auroram: oriturum solem praenuntio. Quod intueor, praesens est, quod praenuntio, futurum: non sol futurus, qui iam est, sed ortus eius, qui nondum ‚est': tamen etiam ortum ipsum nisi animo imaginarer, sicut modo cum id loquor, non eum possem praedicere ... sed praedici possunt ex praesentibus, quae iam ‚sunt' et videntur."* (18,24/15ff.)

[23] vgl. 17,22/3ff.

genwart und Gegenwärtigem unterscheidet, stellt sich ihm diese Frage unter formaler Rücksicht nicht. Sie wird in anderer Hinsicht allerdings dort virulent, wo die Frage nach der Zeitlichkeit und Endlichkeit des Menschen und damit auch nach der zeitlichen und endlichen Erkenntnis desselben bedeutsam wird.[24]

3.) Die Bedeutung der drei Zeitmodi füreinander ist unterschiedlich gewichtet: Die Gegenwart nimmt eine besondere Stellung durch „ihren grundlegenden Charakter" ein, demgegenüber Zukunft und Vergangenheit zurücktreten.[25] Die Gegenwart ist unter formaler Rücksicht eine *conditio sine qua non*, die aber in ihrer Auslegung als Gegenwärtigkeit der *anima humana* nicht nur Bedingung der Möglichkeit, sondern Grund der Möglichkeit von Zeit ist.[26] Ihr Verhältnis zur Ewigkeit, falls überhaupt von einem solchen gesprochen werden kann, hebt sich im Vergleich zu den anderen Zeitmodi von diesen ab. Sowohl diese Frage als auch der in diesem Zusammenhang relevant werdende Kairos-Begriff werden in § 4.3 „Das Verhältnis von Ewigkeit und Zeit" erörtert.

Gegenüber der Zukunft nimmt die Vergangenheit insoweit eine bedeutendere Stellung ein, als sie durch die Erinnerung ermöglicht, daß etwas gemessen werden kann, da sie grundlegend für das Urteilen und damit für Erkenntnis überhaupt ist und somit ein sinnvolles Vorausbedenken einer künftigen Handlung allererst ermöglicht. Hinzu kommt, daß Gegenstände nur auf dem Hintergrund des Wissen durch die Erinnerung als bestimmte erwartet werden können, was wiederum das Gewicht der Erinnerung gegenüber der Erwartung deutlich werden läßt.[27]

Die Zukunft hat für die beiden anderen Zeitmodi keine vergleichbare Bedeutung. Sie ist insofern konstitutiv, als überhaupt etwas noch nicht ist, was möglicherweise sein oder vergangen sein

[24]siehe § 1.5 „Zeit und Zeitlichkeit" und § 2.2 „Die Memoria-Lehre in ihrer Bedeutung für die Zeit".

[25]vgl. E. Schmidt: Zeit und Geschichte bei Augustin, S. 33.

[26]siehe dazu die Ausführungen in § 2.1 „Die anima in ihrer Bedeutung für die Zeit" und § 2.2 „Die Memoria-Lehre in ihrer Bedeutung für die Zeit".

[27]vgl. 27,36/1ff.

wird. Das allerdings ist nicht das Problem der Zukunft als Zeitmodus, sondern der Bestimmung eines Etwas überhaupt.

Die Zukunft im augustinischen Kontext richtig zu bestimmen, ist eine schwierige Aufgabe, da gerade sie als Beispiel für die ineinander verwobenen Dimensionen von wissenschaftlich-philosophischem Interesse und Augustins *confessio* als Glaubendem dienen kann. Unter ontologischer und erkenntnistheoretischer Rücksicht hat sie gegenüber den anderen beiden Zeitmodi einen geringeren Stellenwert, da sie in völliger Abhängigkeit von diesen steht. Die christliche Bestimmung der Zukunft als *spes* hingegen verleiht ihr eine ausgezeichnete Rolle *„... bis ich, gereinigt und geläutert durch das Feuer Deiner Liebe, in Dir aufgehe.*[28] *Und ich werde feststehen und in Dir gestärkt werden, und zwar in meiner Wesensgestalt kraft Deiner Wahrheit ...“*[29]

4. Das praeterire und transire der Zeit

Bereits bei dem Versuch, das Sein von Zeit zu bestimmen, wurde deutlich: Gegenwart wird nur zur Zeit, weil sie in Vergangenheit übergeht. Das Entscheidende ist der Übergang, das *praeterire*, das *transire*; der Übergang ist das, was die Zeit *qua* Zeit bestimmt. Ohne ihn wäre nicht Zeit, sondern Ewigkeit. Im *nondum*

[28] „Aufgehen“ muß hier im Gegensatz zu zerfließen, (was nichts anderes als „sich verlieren“ bedeuten würde) im Sinne von Aufgehobensein interpretiert werden.

[29] *„... donec in te confluam purgatus et liquidus igne amoris tui. Et stabo atque solidabor in te, in forma mea, veritate tua ...“* (29,39/21f.–30,40/1f.).

In diesen Zusammenhang gehört die Untersuchung der *donec*-Sätze und ihre Bedeutung für das Verständnis der Zukunft. Die Augustinus-Interpreten sind hierbei zu völlig entgegengesetzten Aussagen gekommen. Als Beispiel sei auf U. Duchrow: Der sogenannte psychologische Zeitbegriff, bes. S. 284ff. und E. Schmidt: Zeit und Geschichte bei Augustin, bes. S. 33ff. verwiesen.

Ein zweiter sehr wichtiger Aspekt ist die Bestimmung des Verhältnisses von Ewigkeit und Zeit und die an dieser Stelle in Ansatz zu bringende qualitative Unterscheidung von Zukunft als Zeitmodus und dem eschatologischen Futurum, da sonst die Gefahr besteht, die Zukunft unterderhand zur Ewigkeit zu erheben. Zu diesen Fragen siehe die Ausführungen in § 4.3 „Das Verhältnis von Ewigkeit und Zeit“.

esse und *iam non esse* kommt das Sich-in-Veränderung-befinden zum Ausdruck. Zentrum beider Aussagen ist das *esse*, das durch das *noch nicht* und *nicht mehr* näher erläutert wird. Noch schärfer wird die sich darin ausdrückende Ungleichheit in dem Begriffspaar *tendere ad esse — tendere ad nihil*, das *esse* und *nihil* einander gegenüberstellt. In dieser Spannung zwischen *Sein* und *Nichts* steht die Veränderung als Veränderlichkeit, die Merkmal jedwedes Seienden ist.[30]

Die Veränderlichkeit *moritur/oritur* wird eindeutig dem Seienden zugeordnet, ebenso die Zeit. Ein Seiendes erstreckt sich von seinem Entstehen bis zu seinem Vergehen. Während dieser Spanne ist Wechsel und Wandel in ihm.

Im 11. Kapitel des XI. Buches thematisiert Augustinus das Verhältnis von Zeit und Ewigkeit, indem er das eine durch die Charakterisierung des anderen bestimmt. Hier finden sich Aussagen über die Veränderlichkeit als ein Moment von Zeit: „... *und er (der Betrachter) müßte sehen, daß auch eine lange Zeit nur aus vielen vorübergehenden Bewegungen, die sich nicht zugleich ausdehnen können, zur langen Zeit wird, ... (und) es doch keinerweise Zeit gibt, die als Ganzes gegenwärtig wäre; er müßte sehen, daß alles Vergangene verdrängt wird von Kommendem, daß alles Kommende auf Vergangenes folgt ...*“[31]

Das, was die Zeit zur Zeit macht, ist durch ein Nacheinander gekennzeichnet: „*nullum vero tempus totum esse praesens.*“[32]

Die Defizienz des Seienden, sich nicht in seiner Ganzheit gegenwärtig sein zu können, vielmehr genötigt zu sein, sich immer wieder neu mit den sich ihm stellenden Problemen auseinander-

---

[30] vgl. „*Was aber nicht geschaffen ist und dennoch ist, kann nicht etwas in sich haben, das vorher nicht war.*“ (4,6/3f.)

[31] „*... et videat longum tempus nisi ex multis praetereuntibus motibus, qui simul extendi non possunt, longum non fieri; ... nullum vero tempus totum esse praesens: et videat omne praeteritum propelli ex futuro et omne futurum ex praeterito consequi ...*“ (11,13/12ff.)

[32] Das heißt nicht, daß nicht auch von Gleichzeitigkeit gesprochen werden kann. Steht aber die Gleichzeitigkeit in Rede, so verweist sie auf Bezugspunkte *verschiedener* Dinge, nicht aber auf *ein* Etwas; dieses Etwas kann sich nur in einem Nacheinander gegenwärtigen.

setzen zu müssen, ist es, die das Seiende als endlich, vergänglich, als negativitätsbetroffen ausweist.

Doch diese Betrachtung, die so negativ erscheint, geschieht auf dem Hintergrund des höchsten Seins schlechthin, mit dem das Seiende verglichen nicht als gleichrangig, sondern in seinem Seinsrang niedriger stehend bezeichnet werden muß. Da der Mensch wie jedes andere Seiende von Zeitlichkeit betroffen ist, kann er sich nur im Nacheinander zeitigen. Das heißt aber auch, daß diesem Nacheinander nicht nur ein negatives Moment anhaftet, sondern daß in diesem die Möglichkeit in die Wirklichkeit überführt werden kann, was auch bedeutet, daß der Mensch sich wirklichen kann, indem er sich zeitigt. So könnte der Verlauf vom *oritur* zum *moritur* nicht nur als Verfall, sondern als das Sich-Entfalten der eigenen Prinzipienverfaßtheit[33] verstanden werden und somit der Tod eine neue Dimension gewinnen.

Nur im *praeterire* kann die *anima* der Zeit innewerden: „*Aber wir messen die Zeiten in ihrem Vorübergehen, wenn wir wahrnehmend sie messen.*“[34] Doch solange Augustinus durch das *praeterire* die Zeit zu fassen sucht, d.h. der faktischen Dimension verhaftet bleibt, muß ihm die Zeit als ein *inplicatissimum aenigma* erscheinen. So fragt er: „*Aber woher und wodurch und wohin geht sie vorüber, wenn man sie mißt? ... Also aus dem, was noch nicht ist, durch das, was der Ausdehnung entbehrt, in das, was nicht mehr ist.*“[35]

Diese Äußerung legt die Vorstellung eines *Zeitflusses* nahe. Es ist fraglich, inwieweit diese tragfähig ist, da sie einige Voraussetzungen impliziert, die ihrerseits problematisch sind: So wird mit dem Begriff *Fluß* eine objektive Gegebenheit postuliert, in der das Seiende steht und zu der sich der Mensch verhalten kann. Der Zeitfluß wird unabhängig vom Menschen gesehen, er ist eine

[33] Von Prinzipienverfaßtheit kann deshalb gesprochen werden, weil damit auf die Vielfalt des *einen* Begründungsgefüges der *anima humana* hingewiesen werden soll.

[34] „*Sed praetereuntia metimur tempora, cum sentiendo metimur.*“ (16,21/7f.)

[35] „*Sed unde et qua et quo praeterit ... Ex illo ergo, quod nondum est, per illud, quod spatio caret, in illud, quod iam non est.*“ (21,27/16ff.)

objektive Größe. Hierin scheint zunächst eine Ubereinstimmung mit der Zeit als *creatum* zu liegen. Welche eminenten Schwierigkeiten damit aber verbunden sind, wird in § 4.2 „Zeit als creatum und distentio animi“ erörtert. An dieser Stelle nur folgender Hinweis:

Wenn Zeit ein objektiv Reales sein sollte, so müßte sie ebenso wie Seiendes überhaupt dem erkennenden Subjekt Gegebenes und somit Erkennbares sein. Aus den bisher erwähnten Erörterungen Augustins hat sich aber gerade das Gegenteil ergeben: Zeit ist weder ein Etwas noch ein Nichts. *„Die Seinsweise der Zeit ist nicht die Seinsweise des zeitlich Seienden ... Zeit ist, insofern sie ... nicht gegeben ist ... ein Nichts an Gegebenheit.“*[36]

Eine weitere Schwierigkeit ist das Problem der Identität: Ein sich in Veränderung befindendes Etwas kann nur dann ein Bestimmtes sein, wenn es mit sich selbst identisch bleibt; d.h. aber, daß von Zeit eine Identität müßte ausgesagt werden können, und das ist aufgrund der bisherigen Überlegungen nicht möglich. Daraus folgt, daß der Identitätspunkt außerhalb von Zeit und nicht in der Dimension des faktischen Seins zu suchen ist.

Und darin weist das Bild des Zeitflusses über sich hinaus, indem es eine Außerzeitlichkeit des Betrachters mit aussagt, da dieser den Zeitfluß als solchen nur wahrnehmen kann, sofern er nicht selbst darin *„untergeht“*.

Wie aber das Verhältnis der *anima* zur Zeit im Hinblick auf ihre Zeitbetroffenheit zu bestimmen ist, wird an gegebener Stelle Gegenstand der Untersuchung sein; damit ist auch die Frage verbunden, ob die *distentio animi* diesen Übergang in sich selbst, *in actu* vollzieht.[37]

---

[36] A. J. Bucher: Der Ursprung der Zeit aus dem Nichts, S. 44.

[37] siehe § 4.1 „Distentio, extentio, intentio animi“.

5. Zeit und Zeitlichkeit

Der Begriff *tempus* umfaßt vollständig den Terminus χρόνος und schließt auch den des καιρός mit ein.[38] Bedingt durch die Bedeutungsbreite des Begriffes muß dieser jeweils aus dem Kontext erschlossen werden, was darauf hinweist, daß im XI. Buch der Confessiones kein einheitlicher Gebrauch des Wortes *Zeit* vorliegt. Augustinus wendet ihn auf verschiedenen Problemebenen im Singular und Plural an. So gilt es zum einen zu bestimmen, in welcher Dimension er sich während seiner Argumentation befindet, zum anderen, worum es ihm primär im Hinblick auf das Zeitproblem geht. M.E. sind vier Problemebenen zu unterscheiden:

a) Im allgemeinen, alltäglichen Sprachgebrauch ist sowohl von Zeit im Singular als auch im Plural die Rede. Beide Begriffe werden nicht differenziert verwendet: *„Und wir reden von Zeit und Zeit, von Zeiten und Zeiten.“*[39] Ferner siehe: 16,21/7f.; 17,22/3ff.; 21,27/1f.; 27,34/31ff.

b) Zeiten als Modi der *einen* Zeit: *„Zeiten ‚sind‘ drei: eine Gegenwart von Vergangenem, eine Gegenwart von Gegenwärtigem, eine Gegenwart von Künftigem.“*[40]

c) Zeit überhaupt: *„Ich möchte die Bedeutung und das Wesen der Zeit erkennen ...“*[41] (vgl. ferner: 14,17/1; 23,29/10f.; 23,30/29)

d) Zeit im Sinne von Zeitlichkeit als Prinzipienaussage: *„Gott, gib den Menschen, daß sie im Kleinen die allgemeinen Bestimmtheiten der kleinen und großen Dinge erkennen.“*[42] (vgl. ferner: 24,31/2f.; 29,39/16ff.)

---

[38] vgl. J. H. H. Schmidt: Handbuch der lateinischen und griechischen Synonymik. Leipzig 1889, reprographischer Nachdruck der 1. Auflage, Amsterdam 1968, S. 460.

[39] *„Et dicimus tempus et tempus, tempora et tempora ...“* (22,28/21f.)

[40] *„Tempora ‚sunt‘ tria, praesens de praeteritis, praesens de praesentibus, praesens de futuris.“* (20,26/5ff.)

[41] *„Ego scire cupio vim naturamque temporis ...“* (23,30/1)

[42] *„Deus, dona hominibus videre in parvo communes notitias rerum parvarum atque magnarum.“* (23,29/15ff.)

Kann man m.E. mit Recht die vier genannten Problemebenen bei Augustinus unterscheiden, so werden sie aber nicht von ihm begrifflich gefaßt. Hinzu kommt, daß die Implikationen der mit dieser Unterscheidung verbundenen philosophischen Ansätze eigene Schwierigkeiten aufweisen. Wählt man nämlich die alltäglichen Zeiterfahrungen zur Grundlage der Zeitüberlegungen und verbleibt so innerhalb des Horizontes eines Phänomens, muß Zeit ein *inplicatissimum aenigma* bleiben, da Zeit auf diesem Wege nicht greifbar wird. Die drei anderen Unterscheidungen hingegen zielen bereits auf eine ontologische Erklärung der Zeit, die im Begreifen der Zeit als *distentio animi* und in ihrem Bestimmtsein durch die Zeitlichkeit gipfelt und mündet.[43]

Aufgrund der verschiedenen in Ansatz gebrachten Problemebenen sind die Darlegungen von Gerd Haeffner daher nicht ausreichend, wenn dieser meint, der Begriff *Zeit* sei *„... für Augustinus immer je eine Zeit, eine bestimmte Dauer.“*, mit der Folgerung: *„Relativ selten findet sich ... ein mehr formaler Gebrauch von ‚tempus‘ (oder auch ‚tempora‘), im Sinne dessen, was ‚Zeit‘ überhaupt ausmacht.“*[44]

Gegen diese Auffassung können mehrere Argumente angeführt werden. Die Textgrundlage macht deutlich: Augustinus stellt die Frage nach der Zeit in prinzipieller Weise: Er fragt nicht: Was ist diese oder jene Zeit, sondern *„Quid est ergo tempus?“*, *„Ubi est ergo tempus?“*.[45] Sein Fragen ist bestimmt durch die Erfahrung der Zeitlichkeit, der Veränderlichkeit, der Sterblichkeit,

---

Diese Stelle weist darauf hin, daß es Augustinus auch um das Prinzip Zeit geht und es sich als solches, sofern es ist, an kleinen und großen Dingen gleichermaßen als *Zeitlichkeit* ausweisen können muß.

[43] Inwieweit der augustinische Erklärungsansatz dem Problem der Zeit gerecht wird, steht an dieser Stelle noch nicht zur Debatte; zunächst ist es die Aufgabe herauszuarbeiten, wie Augustinus mit dem Zeitproblem umgeht. Ob er alle Fragen klären kann oder welche von ihnen offenbleiben bzw. aufgrund seines Ansatzes offenbleiben müssen, wird am Ende dieser Arbeit diskutiert.

[44] Gerd Haeffner: Bemerkungen zur augustinischen Frage nach dem Wesen der Zeit im XI. Buch der „Confessiones“. In: Theologie und Philosophie 63, 1988, S. 569ff., S. 570 Anm. 8.

[45] vgl. 23,29/15ff.; 24,31/2f.; 25,32/1ff.; 26,33/30f.

des Nichts und des Todes, die im Menschen nicht zu eliminieren sind.[46] D.h. nicht, daß er nur nach der Zeitlichkeit fragt, sondern er geht gerade von den alltäglichen Zeiterfahrungen wie dem Messen, Wahrnehmen von Zeit, dem Werden und Vergehen von zeitlich Bedingtem aus, versucht diese zu verstehen und zu begreifen; letztlich aber ist die Frage „*Ego scire cupio vim naturamque temporis ...*" leitend für Augustins Zeitüberlegungen.

Bei all seinen Überlegungen kristallisiert sich heraus, daß er Zeit nicht bestimmen kann wie dieses oder jenes, sondern daß das Entscheidende die Zeitbetroffenheit jedwedes Seienden überhaupt ist, d.h. dessen Zeitlichkeit, die als Merkmal jedwedes Seienden verstanden werden muß. Und aufgrund dessen kann er auch von alltäglichen Zeiterfahrungen ausgehen und nach diesen oder jenen Zeiten fragen, was ihn letztlich aber zur *anima* und ihrer Zeitlichkeit hinführt.

Es darf andererseits nicht unterschlagen werden, daß Augustinus keineswegs einen klar durchstrukturierten Gedankengang im XI. Buch vorlegt, sondern daß sich gerade seine eigene Betroffenheit von dem Problem in ständig neu ansetzenden Fragen äußert, die aber nicht immer in der Konsequenz der zuvor erlangten Ergebnisse stehen.[47]

So kann ich mich nicht der Meinung von Enno Rudolph anschließen, Augustinus habe „*... die Frage nach dem Sein der Zeit überhaupt aufgegeben, um sie durch die Frage nach der Vergegenwärtigung dessen, was zeitlich genannt wird, zu ersetzen.*"[48] Bei dieser Äußerung Rudolphs stellt sich das grundsätzliche Problem, in welcher Weise überhaupt von einem Prinzipiensachverhalt gesprochen werden kann, ohne zugleich eine Aussage über ein Etwas zu machen. Es ist das Problem des Verhältnisses von Prinzip und Prinzipiat.

---

[46] vgl. Rudolph Berlinger: Augustins dialogische Metaphysik. Frankfurt am Main 1962, S. 18.

[47] vgl. 22,28/21f.; 26,33/39; 30,40/16f. (siehe ferner S. 82).

[48] Enno Rudolph: Einheit und Differenz. Anmerkungen zu Augustins Zeitauffassung im XI. Buch der „Confessiones". In: K. Gloy und E. Rudolph (Hrsg.): Einheit als Grundfrage der Philosophie. Darmstadt 1985, S. 102ff., S. 110.

Für den Fortgang der Zeitüberlegungen aber heißt das, daß es nicht allein um die Fragen gehen kann, was Zeit denn sei, wenn sie weder etwas noch nichts ist, oder ob von objektiver oder subjektiver Zeit zu sprechen ist, sondern daß durch die Frage nach der *Zeitlichkeit* der Horizont der Frage nach der Zeit eine Erweiterung und ggf. seine Grundlegung erfährt. In dieser Dimension kann nach der Zeitlichkeit jedwedes Seienden gefragt und das Problem der *anima humana* in Ansatz gebracht werden. Dann tritt das Problem des Verhältnisses der *anima* zur Zeit, Zeitlichkeit und Endlichkeit in den Blick.[49] Es deutet sich die Frage an, *„... ob Zeit nicht vielmehr nur der Spiegel der Endlichkeit der anima humana als Zeitlichkeit ist.“*[50]

[49] siehe § 2.1 „Die anima in ihrer Bedeutung für die Zeit“.

[50] Wiebke Schrader: Zu Augustins ontologischer Aporie der Zeit. Zwei Interpretationen. In: Weltaspekte der Philosophie, 1972, S. 269ff., S. 272.

§2. Die Ubiquität der Zeit

Die Frage *„Ubi est ergo tempus?“* bildet den Scheitelpunkt der augustinischen Zeitanalyse. Mit ihr leitet Augustinus einen neuen Versuch ein, dem *inplicatissimum aenigma* näherzukommen. Zielt die Quid-Frage auf ein tatsächlich gegebenes Sein von Zeit, so versucht die Ubi-Frage die *Dimension* der Zeit zu bestimmen. Das Fazit der Überlegungen zum Sein von Zeit besteht zwar darin, daß dieses nicht eruiert werden kann, was aber keineswegs die Fragen löst, warum und wie wir Zeit messen können, etwas entsteht, altert und vergeht, wir uns in Zeit vorfinden. Gerade durch die vielen ungeklärten Fragen wird Augustinus genötigt, neu anzusetzen.

Vorbereitet wird die Frage nach dem Ort von Zeit durch die Überlegung, *wann* sie denn lang gewesen sei: *„Lang gewesen ist jene Zeit ‚als gegenwärtige‘...“*[1] Diese Gegenwart kann nur im Horizont der seienden Gegenwärtigkeit der *anima humana* wahrgenommen werden, und somit wird diese als Ort der Zeit bestimmt.[2] Das *ubi* legt das *quando* aus, indem das ‚Wann‘ von Zeit erst durch das ‚Wo‘ in der *anima humana* bestimmbar wird.[3]

Was aber charakterisiert diesen Ansatz, und worin ist seine Bedeutung für die Lösung des Zeitproblems zu sehen?

Das Entscheidende ist, daß Augustinus das Problem der Zeit in den Horizont der *anima humana* stellt. Aufgrund der Bewußtseinsakte der *anima* (*memoria*, *contuitus* und *expectatio*), kann er, wie sich bereits zeigte, dem Dilemma entgehen, Vergangenheit und Zukunft, die ja ‚nicht mehr‘ bzw. ‚noch nicht‘ seiend sind, als nichts fassen zu müssen. *Memoria* und *expectatio* sind die Modi,

---

[1] *„Longum fuit illud ‚praesens‘ tempus ...“* (15,18/25f.)

[2] Ob das für Zeit überhaupt gilt oder zwischen objektiver und subjektiver Zeit unterschieden werden muß, ist noch fraglich. Siehe dazu die Ausführungen S. 38f.

[3] vgl. W. Schrader: Zu Augustins ontologischer Aporie der Zeit, S. 273.

durch die Vergangenheit und Zukunft nicht als logische Bestimmungen, sondern als Vergangenes und Künftiges sind. So wird es durch Einbeziehung und Ausrichtung auf die *anima* möglich, die Frage nach der Identität neu zu stellen.

Das Zeitproblem im Horizont der *anima humana* zu verorten heißt aber, nach dem gescheiterten Versuch, Zeit als objektiv Reales fassen zu können, sie in den Horizont der *anima humana* zurückzunehmen, in die Dimension der inneren Zeiterfahrung als der Gewißheit, selbst zeitlich zu sein, um sie aus ihrem Bezug zur *anima*, zum *animus*, zu erklären. Die *conversio* von der Suche der Zeit in der Dimension der äußeren Gegebenheiten hin zu der Suche der Zeit im *homo interior*, der seine systematische Zuspitzung im *ego interior* erfährt, ist das Entscheidende der augustinischen Zeiterörterung. Was diese *conversio* für Konsequenzen mit sich bringt, wird nun im einzelnen zu untersuchen sein. Es wäre jedoch voreilig zu meinen, das Suchen der Zeit im *ego interior* müsse zu einem psychologischen bzw. psychologistischen Zeitbegriff führen.

Auf diesem Hintergrund wird sich die *anima humana* selbst zum Problem, denn da Zeit *qua* Zeit, wie sich zeigte, nur als gegenwärtige in der Dimension der Gegenwärtigkeit der *anima* ist, wird sie durch die *anima* als reflektierte konstituiert. Damit wird die *anima* zum Dreh- und Angelpunkt der augustinischen Zeitproblematik.

1. Die anima in ihrer Bedeutung für die Zeit

Daß die *anima* Grund der Möglichkeit für Zeit zumindest im Hinblick auf das Subjekt ist, hat sich aus den bisherigen Überlegungen ergeben. Damit stellt sich aber die Frage, inwieweit die *anima* selbst zeitbedingend, zeitbedingt und/oder zeitüberlegen ist und in welchem Verhältnis ihre Zeitlichkeit zu ihrer Endlichkeit steht. Diese Fragen sollen Gegenstand der folgenden Überlegungen sein.

Die augustinische Bestimmung der Zeit als *tendit non esse* sowie das Ergebnis, daß sie aus sich selbst heraus nichts ist, setzt einen außerzeitlichen Standpunkt dessen voraus, der Zeit wahrnimmt und mißt. Da es die *anima* ist, die Zeit wahrnehmen und messen kann[4], muß sie zumindest ein Moment von Außerzeitlichkeit besitzen. Andererseits ist sie als *creatum* wie alle anderen *creata* zeitbedingt. „*Der Geist ist nach Augustinus ja nicht insgesamt als zeitlicher zu denken, sondern als der Ort, an dem die Zeit gegenwärtig ist. Das Stehen des Geistes in der Zeit, sein Bewußtsein des Zeitlichseins, setzt das Faktum seiner Außerzeitlichkeit zugleich voraus. Die Faktizität der Außerzeitlichkeit zeigt sich als Bedingung der Möglichkeit des Bewußtseins der Zeitlichkeit.*“[5]

In welchem Verhältnis stehen nun diese beiden Bestimmungen der *anima* zueinander? Wollte man diese Frage umfassend beantworten, hieße das, sich mit einem der grundlegendsten Themen der Philosophie überhaupt auseinanderzusetzen, der Begründung des Subjektes, in der augustinischen Terminologie der *anima*, dem Problem philosophischer Selbsterkenntnis. Denn nur, wenn man diesem Problem nachginge, könnte man *begründete* Aussagen über das augustinische Verständnis der *anima* als *experimentum medietatis*[6] machen. In dem hier vorgegeben Rahmen muß es genügen, auf die Fragestellung in ihrer Bedeutung für die Zeit einzugehen und Hinweise auf tiefergehende Erörterungen zu geben. Hinzu kommt, daß Augustinus im XI. Buch der Confessiones nicht eigens diese Problematik thematisiert. Er setzt sie berechtigterweise voraus, da er das X. Buch vollständig der *memoria* widmet und, wie wir bereits sahen, die Begriffe *memoria*, *anima*,

---

[4] vgl. 15,19/1ff.

[5] Norbert Fischer: Augustins Philosophie der Endlichkeit. Zur systematischen Entfaltung seines Denkens aus der Geschichte der Chorismos-Problematik.(Mainzer Philosophische Forschungen 28), Bonn 1987, S. 308f.

Es bleibt aber zu fragen, inwieweit überhaupt der Terminus *in der Zeit* begründeterweise verwendet werden darf. Siehe dazu die Ausführungen S. 61f.; S. 77.

[6] siehe § 2.1, Anm. 12

In diesem Zusammenhang sei auf die den folgenden Überlegungen zugrunde liegende Arbeit verwiesen: Wiebke Schrader: Die Erprobung der Mitte. Abbreviatur zu einem augustinischen Topos. In: Perspektiven der Philosophie. Neues Jahrb., ed. R. Berlinger - E. Fink† - F. Kaulbach - W. Schrader, Bd. IV, Amsterdam - Hildesheim 1978, S. 215ff.

animus häufig synonym gebraucht.[7] Die Bedeutung der *memoria* für das Zeitproblem wird im folgenden Kapitel Gegenstand der Untersuchung sein.

Die Erörterung der *anima humana*, der *tanta natura*[8] als *experimentum medietatis* muß im Horizont der Analogia-entis-Lehre gesehen werden. Im XI. Buch der Confessiones sagt Augustinus dies in eindrücklicher Weise aus: *„Was ist das, was mir aufblitzt und mein Herz erschüttert, ohne es zu verletzen? Sowohl erzittere ich als auch entbrenne ich: erzittere, wie weit ich ihm unähnlich, entbrenne, wie weit ich ihm ähnlich bin.“*[9]

Hier versucht Augustinus das Verhältnis von Gott und Mensch unter Rücksicht des Menschen als *creatum* zu bestimmen. Gott ist die schlechthinnige Selbigkeit, das schlechthinnige Bei-sich-sein im Gegensatz zu dem Menschen, den er durch den Topos der *inseparabilis distinctio et tamen distinctio*[10], als unscheidbare Unterschiedenheit, aber dennoch Unterschiedenheit, charakterisiert. In ihm ringt Augustinus um die größtmögliche Annäherung an den aporetischen Sachgehalt dieses Problems. Der sich darin ausdrückende Prinzipcharakter der *anima* wird in seiner Bedeutungsbreite durch folgende Textstellen exemplarisch:

1.) *„Ich bin es, der sich erinnert (eingedenk ist), ich Geist.“*[11]

2.) *„Es ist möglich, daß einer, der durch zu starke Neugierde seinen Stand erprobt, gewissermaßen auf seinen eigenen Wink (Befehl) hin zu sich selbst gleichwie in seinen Mittelpunkt stürzt. Da er also wie jener unter keinem stehen will, wird er zur Strafe auch von der Mitte, die er selbst ist, weiter getrieben (weggetrieben) ...“*[12]

---

[7] siehe S. 10, Anm. 2.

[8] De civitate dei XXII 24,3.

[9] *„Quis conprehendet? Quis enarrabit? Quid est illud, quod interlucet mihi et percutit cor meum sine laesione? Et inhorresco et inardesco: inhorresco, in quantum dissimilis ei sum, inardesco, in quantum similis ei sum.“* (9,11/5ff.)

[10] XIII 11,12

[11] *„Ego sum, qui memini, ego animus.“* (X 16,25/5f.)

[12] *„Cupiditate uero experiendae potestatis suae quodam nutu suo ad se ipsum tamquam ad medium proruit. Ita cum uult esse sicut ille sub nullo, et ab ipsa sui medietate poenaliter ad ima propellitur ...“* (De trinitate XII 11,16.)

3.) „*Denn obgleich die Natur groß ist, so konnte sie dennoch beschädigt werden, weil sie nicht die höchste ist; und obgleich sie beschädigt werden konnte, weil sie nicht die höchste ist, dennoch ist sie, weil sie für die höchste Natur empfänglich ist und ihrer teilhaftig werden kann, eine große Natur.*“[13]

4.) „*Gehe nicht nach außen, gehe in dich selbst zurück; im Inneren des Menschen wohnt Wahrheit ...*“[14]

Wenn demnach bei der *anima* von einer Prinzipienverfaßtheit gesprochen werden kann, so ist es ihr möglich, aufgrund ihrer Akte von *memoria*, *contuitus* und *expectatio*, Zeit zu gegenwärtigen. Somit ist die *anima* als der Identitätspunkt der durch sie reflektierten Zeit zu verstehen.[15]

Die Möglichkeit, trotz der zeitlichen Bestimmung des Daseins, mit sich selbst identisch sein zu können und zu bleiben, ist das, was die *anima über* die Zeit erhebt. Sie steht kraft ihrer Prinzipienverfaßtheit, die Garant ihrer Selbigkeit ist, außerhalb von Zeit. Das gilt aber nicht nur für die Prinzipienverfaßtheit der *anima*, sondern von jeder Prinzipienverfaßtheit *per definitionem.*

Ihre Zeitbedingtheit zeigt sich darin, daß sie sich nur in einem Nacheinander wirklichen kann und trotzdem mit sich selbst identisch bleibt. Das bedeutet für die *anima*, daß sie sich nicht *ver*zeitigt, indem sie sich verliert, sondern sich *zeitigt*, wenn sie ihrer Prinzipienverfaßtheit gemäß tätig wird, auch wenn sie dies unter zeitlichen Bedingungen tun muß.

So ist sie zeitbedingt wie jedwedes andere Seiende auch, nur daß sie sich zu ihrer Zeitlichkeit, d.h. Zeitbedingtheit, verhalten kann und so ihre Zeitüberlegenheit deutlich wird, da ihre Prinzipienverfaßtheit der Zeit nicht ausgesetzt ist.

In ihrer Zeitlichkeit kommt ihre Endlichkeit zum Ausdruck. „*Die Zeitlichkeit des Seienden, die den zeitlichen Anfang und das*

---

[13] „*Quamquam enim magna natura sit, tamen uitiari potuit quia summa non est; et quamquam uitiari potuerit, quia summa non est, tamen quia summae naturae capax est et esse particeps potest, magna natura est.*“ (De trinitate XIV 4,6.)

[14] „*Noli foras ire, in te ipsum redi; in interiore homine habitat ueritas*“ (De vera religione 39,72.)

[15] vgl. dazu 28,38.

zeitliche Ende bedingt, offenbart den Menschen in seiner Endlichkeit nun selbst als anfänglich und endlich. Je mehr der Mensch sich zeitigt, um so mehr erscheint seine Endlichkeit. Die Zeitlichkeit zeigt das Sein des Menschen nicht nur an, sie ist ein Seinsmoment des Menschen ... Die Reflexion der Zeiterfahrung bringt das Sein des zeitlich seienden Menschen in seiner Anfänglichkeit und Endlichkeit zum Vorschein."[16]

Der Begriff der Endlichkeit ist philosophisch von dem Gedanken des Zureichens und Nichtzureichens anzusetzen.[17] Der Schöpfungsgedanke impliziert, daß die *anima* nicht der autonome Eigner ihrer selbst sein kann[18], sie nicht schlechthinniger Grund, sondern endlicher Grund von Welt ist. Sie steht immer in der Spannung von *esse* und *nihil*, ist von einem Nicht betroffen, also nicht schlechthin zuzureichen. Darin liegt ihre Negativität, ihre *Nichtsbetroffenheit*, die als ihre Endlichkeit in ihrer Zeitlichkeit deutlich wird. Damit zielt die Endlichkeit nicht auf eine quantitative Bestimmung der *anima*, die als zeitliche und räumliche Erstreckung verstanden werden könnte, sondern auf eine qualitative Bestimmung derselben.

Wird die *anima* auf ihre Prinzipienverfaßtheit hin befragt, so kann dies nur in einer Prinzipiendimension erfolgen, die jedweder zeitlichen und räumlichen Dimension entzogen ist. Daraus folgt, daß die *anima*, sofern sie als Prinzipienverfaßtheit ausgewiesen werden kann, aufgrund dieser notwendig, aufgrund ihrer Nichtsbetroffenheit aber, die jedweden endlichen Akt begleitet — und nur ein solcher kann von ihr geleistet werden —, zufällig ist. Ihrer Verfaßtheit nach ist sie endlicher Natur, nicht zeitlicher, denn die letztere Bestimmung würde auf ihre Vergänglichkeit abheben, und das hieße, daß sie sich verlieren würde. So kann nicht von ihrer Vergänglichkeit, sondern muß von ihrer *Wandelbarkeit*

[16] Rudolph Berlinger: Das Nichts und der Tod. 2. durchgesehene Auflage, Frankfurt am Main 1972, S. 113.

[17] vgl. Wiebke Schrader: Gott als Weltproblem oder der Begründungsengpaß des anthropologischen Weltgrundes. In: Wo Sprache aufhört ... Herbert von Karajan zum 5.April 1988. Herausgegeben von Heinz Götze und Walther Simon, Berlin, Heidelberg 1988, S. 129ff., S. 131f.

[18] vgl. 4,6.

gesprochen werden. Dabei zielt der Begriff der Wandelbarkeit auf die Fülle der Möglichkeit der *anima* überhaupt, die sie nur in zeitlicher Weise ermessen und sich ihrer Prinzipienverfaßtheit eingedenk werden kann. Welche Konsequenzen hat es aber, daß Augustinus die Zeit aus der *anima* heraus begreift?

In den vielfältigen Interpretationen dieser Frage hat sich eine Richtung herauskristallisiert, die von der *Verlegung* der Zeit in die *anima* spricht. Als Beispiel sei das Resultat von Ulrich Duchrow angeführt, das er am Ende seiner Arbeit „Der sogenannte psychologische Zeitbegriff Augustins" zieht: *„Seine (Augustins) Fragen verweisen uns auf noch ungelöste Probleme, aber seine Lösungsversuche können nicht mehr die unseren sein. Denn wir wissen nach einer langen Geschichte, daß seine Lokalisierung der Zeit allein in der Seele nicht nur in der Philosophie, sondern auch in der Theologie zur subjektivistischen Verengung geführt hat."*[19]

Dieses Resumée weist verschiedene Aspekte auf. Einerseits die zutreffende Feststellung, daß nach wie vor das Problem *Zeit* nicht gelöst ist. Andererseits den Gedanken der *subjektivistischen Verengung*. Diese Sicht scheint mir problematisch, denn unterstellt eine solche Interpretation nicht damit der Zeit Subjektivität im Sinne von Beliebigkeit, Unverbindlichkeit?

Versucht man aber dem augustinischen *anima*-Verständnis mit allen seinen Prädikationen (u.a. *abditum mentis*[20], *scintilla rationis*[21], *tanta natura, experimentum medietatis*) gerecht zu werden, so folgt daraus gerade das Gegenteil: Dadurch, daß Augustinus Zeit aus der *anima* als ihre Zeitlichkeit bzw. Endlichkeit begreift, sie aus der Prinzipienverfaßtheit der *anima* versteht, entzieht er sie jedweder Beliebigkeit. Die Rede von dem *psychologischen Zeitbegriff* läuft somit Gefahr, den grundlegenden Horizont der *anima* zu verkennen; denn der Begriff der „Psyche" hat spätestens seit der Entwicklung der modernen, sich vor allem naturwissenschaftlich verstehenden Psychologie nur noch

[19] U. Duchrow: Der sogenannte psychologische Zeitbegriff Augustins, S. 287f.

[20] De trinitate XIV 7,9.

[21] De civitate dei XXII 24,2.

wenig mit der Bedeutungsbreite des ursprünglichen griechischen Begriffes der ψυχή gemein.

Augustinisch müßte man sagen, daß Zeit, wird sie aus der *anima* begriffen, allererst objektiv bestimmbar wird und ihr nicht umgekehrt dadurch Objektivität genommen und sie subjektiv, im Sinne von beliebig, wird. Ernst Schmidt bemerkt resümierend: *„Die Vergangenheit (und Zukunft) in der Seele sind nicht eine psychologische Reduktion des Phänomens Zeit unter Leugnung ihres objektiven Vorhandenseins, sondern sie sind die Weise, wie den Menschen die objektive Zeit ansichtig wird."*[22]

Darin, daß bei Augustinus keine psychologische Reduktion im Sinne einer Verbeliebigung vorliegt, kann ich Ernst Schmidt beipflichten. Mit seiner Einschränkung im Hinblick auf die Leugnung des objektiven Vorhandenseins von Zeit hingegen kann ich mich nicht einverstanden erklären, da m.E. an dieser Stelle ein kardinales Problem des augustinischen Zeitverständnisses zu sehen ist: Das Nebeneinanderstehen von Zeit als *creatum*, was auf ein objektives Vorhandensein zielt, und Zeit als *distentio animi*. Wird auch das Verhältnis dieser beiden Bestimmungen erst in § 4.1 und § 4.2 diskutiert, so soll an dieser Stelle noch auf einen Gedanken verwiesen werden: Entscheidend für die Beurteilung des vorliegenden Problems ist wohl die Frage, was unter *objektiv* bzw. *subjektiv* zu verstehen ist. Versteht man unter *objektiv* eine tatsächliche Gegebenheit, so zielt die augustinische Zeit, als *creatum* in Ansatz gebracht, auf eine solche Bestimmung. Setzt man unter dieser Rücksicht den Begriff *subjektiv* an, so folgt daraus ein unabhängig vom objektiven Sachverhalt *Zeit* bestehendes Zeitempfinden und Zeitbewußtsein, das für jedes Subjekt unterschiedlich sein kann. Auf diesem Hintergrund hieße das für die durch die *anima* konstituierte Zeit, daß sie subjektiv wäre, keine objektive Gültigkeit hätte. Damit wäre das, was die Bestimmung der Zeit als *distentio animi* erklären kann, äußerst eingeschränkt. Welche Konsequenzen sich für beide augustinischen Bestimmungen von daher ergeben, soll erst unter der Berücksichtigung aller zu erörternden Aspekte diskutiert werden.

---

[22] E. Schmidt: Zeit und Geschichte bei Augustin, S. 25.

2. Die Memoria-Lehre in ihrer Bedeutung für die Zeit

Im X. Buch der Confessiones beschäftigt sich Augustinus eingehend mit der *memoria*, die sowohl sachlich als auch formal der Zeiterörterung vorgeordnet ist. Im folgenden kann keine ausführliche Darstellung der umfangreichen Memoria-Lehre gegeben werden. Ziel dieses Abschnitts ist es aber, aus dem großen Feld der Memoria-Lehre diejenigen Aspekte, die für die Zeiterörterung unerläßlich sind, herauszugreifen und einsehbar zu machen, daß die *memoria* Zentrum der augustinischen Lehre der Person und somit auch der Zeit ist.

Die Überlegungen zur Memoria-Lehre umfaßen die Kapitel 6–25 und sind in die Suche nach Gott eingebettet. Augustinus ruft alle irdischen Dinge an, um zu erfahren, ob unter ihnen Gott zu finden sei: *„Und sie erhoben ein Rufen mit lauter Stimme: ‚Er ist's, der uns geschaffen hat.' Meine Frage war mein Gedanke, ihre Antwort war ihre Schönheit. Und ich wandte mich mir zu und sprach zu mir: Wer bist nun du? Und gab zur Antwort: Mensch. Und da erzeigen sich in meinem Sinne Leib und Seele, eines draußen und das andere drinnen. Was von beiden ist's, wo ich meinen Gott erfragen soll, nachdem ich auf Leibes Weise schon auf der Suche war von der Erde bis zum Himmel, soweit ich nur als Boten die Blicke meiner Augen schicken konnte? Aber besser ist, was innen ist. Denn alle Boten meines Leibes brachten mir Meldung bis dorthin in das Ich, das waltet und urteilt über die Antworten des Himmels und der Erde und aller Dinge in ihnen, als sie sagten: Nicht wir sind Gott und ‚Er ist's, der uns geschaffen hat.' Der innere Mensch ward es inne durch den Dienst des äußeren; ich, der Innenmensch, ward es inne, ich, Geist-Ich, durch das Sinnenwesen meines Leibes. Ich fragte die Weltmasse nach meinem Gott, und die gab mir zur Antwort: Ich bin es nicht, doch geschaffen hat mich Er."*[23]

---

[23] *„Et exclamaverunt voce magna: ‚ipse fecit nos.' Interrogatio mea intentio mea et responsio eorum species erorum. Et direxi me ad me et dixi mihi: tu quis es? Et respondi: homo. Et ecce corpus et anima in me mihi*

Diese Textstelle kann als markantes Beispiel für den Aufweis grundlegender augustinischer Themen im Zusammenhang mit der Memoria-Lehre dienen:

Die Grundlage des augustinischen Denkens ist die Gewißheit, *daß* Gott ist. Es steht für ihn also nicht in Frage, ob er sich dieses Gottes *überhaupt* vergewissern kann, sondern nur, *wo* er diesen seinen Gott finden kann.[24] Die Ubi-Frage lenkt das Denken auf den *ego interior*, und damit zugleich auf die Möglichkeit seiner Selbstvergewisserung. Diese Selbstreflexion vollzieht sich unter Rücksicht des Schöpfungsverständisses, der *analogia entis*. Der *memoria* kommt dadurch, daß sie Einheit stiftet und Identität ermöglicht, konstitutive Bedeutung für das Problem des Erkennes und Urteilens zu. Ihre Prinzipienverfaßtheit kann durch das augustinische Gottes- und Schöpfungsverständnis als Prinzipien*wirklichkeit* verstanden werden.[25] Sie bildet die Grundlage für die der Zeitproblematik immanenten Fragestellungen. Ihre Bedeutung liegt in der Ermöglichung der Sichwißbarkeit, dem Zusammenhalten von Vergangenem und Künftigem als Akt der

---

praesto sunt, unum exterius et alterum interius. Quid horum est, unde quaerere debui deum meum, quem iam quaesiveram per corpus a terra usque ad caelum quousque potui mittere nuntios radios oculorum meorum? Sed melius quod interius. Ei quippe renuntiabant omnes nuntii corporales praesidenti et iudicanti de responsionibus caeli et terrae et omnium, quae in eis sunt, dicentium: non sumus deus et: ‚ipse fecit nos.' Homo interior cognovit haec per exterioris ministerium; ego interior cognovi haec, ego, ego animus per sensus corporis mei. Interrogavi mundi molem de deo meo, et respondit mihi: non ergo sum, sed ipse me fecit." (X 6,9/12ff.)

[24] Söhngen weist in seinem Aufsatz „Der Aufbau der augustinischen Gedächtnislehre" darauf hin, daß in den Confessiones keine Gottesbeweise, sondern Gottesaufweise vorliegen: „Gott wird nicht *aus* der memoria erschlossen oder *be*wiesen als ihre Wirkursache, sondern *in* der memoria selbst gefunden oder *auf*gewiesen als das Licht, das in sie hinein- und in ihr aufleuchtet." (a.a.O. S. 73)

Interessant wäre es ferner, der Frage nachzugehen, worin die Möglichkeit des Dialoges mit Gott gegründet ist. Siehe dazu die bereits erwähnte Arbeit von R. Berlinger: Augustins dialogische Metaphysik. 1962.

[25] vgl. die Ausführungen zur Begründung, warum bei Augustinus von einer Prinzipienwirklichkeit gesprochen werden kann, und die damit verbundenen Voraussetzungen in § 4.2 „Zeit als creatum und distentio animi" S. 71.

memoria, für das Messen, das Vergleichen und für Geschichte überhaupt. Die in diesem Kontext des X. Buches entscheidenden Stellen sind folgende:

—„*Wenn ich mich meines Gedächtnisses erinnere (wenn ich seiner eingedenk bin), ist das Gedächtnis selbst durch sich selbst gegenwärtig.*"[26]

—„*Ich bin es, der sich erinnert, ich bin Geist. Und daher ist es nicht verwunderlich, wenn von mir weit weg ist, was ich nicht bin: Was aber ist mir näher als ich mir selbst?*"[27]

Bereits hieraus wird ersichtlich, daß die *memoria* mehr ist als ein Akt des Erinnerns. Der deutsche Begriff *Erinnerung* zielt auf das Denken an ein bereits Vergangenes (ich denke an, ich erinnere mich dessen), der Begriff *Gedächtnis* hingegen bezeichnet eher den *Ort*, an dem ich mich einer Sache erinnere. Der augustinische Memoria-Begriff umfaßt beide Aspekte, wobei der letzte seinem Memoria-Verständnis näher liegt. Augustinus stellt die *memoria* nun in einen wesentlich größeren Horizont, indem er sie als Prinzipienaussage, als die Möglichkeit, sich durch sich selbst eingedenk sein zu können, anspricht. „*Die augustinische memoria ist kein empirischer, sondern ein transzendentaler Begriff, ein ‚offener' Begriff nicht nur in dem früher angegebenen methodologischen, sondern auch im ontologischen Sinne.*"[28]

Die Möglichkeit der Sichwißbarkeit im Akte des Eingedenkseins ist auch der Grund der Möglichkeit, *Ich* zu sagen. Es ist die den Menschen *qua* Menschen auszeichnende Möglichkeit, sich zu sich selbst verhalten zu können. Darin liegt die Bedeutung der *memoria* als Prinzip. Das aber kann nur im zeitlichen Akt, im zeitlichen Nacheinander geschehen. Die Fähigkeit, sich zu sich selbst verhalten zu können, ist der Grund der Möglichkeit für Identität. Obwohl ich mich meiner Vergangenheit erinnern kann, bin ich mir meiner Gegenwärtigkeit bewußt und kann diese Ge-

[26] „*Ergo cum memoriam memini, per se ipsam sibi praesto est ipsa memoria.*" (X 16,24/6ff.)

[27] „*Ego sum, qui memini, ego animus. Non ita mirum, si a me longe est quidquid ego non sum: quid autem propinquius me ipso mihi?*" (X 16,25/5ff.)

[28] G. Söhngen: Der Aufbau der augustinischen Gedächtnislehre, S. 70.

genwärtigkeit meiner selbst auch für die Zukunft aussagen unter der einschränkenden Rücksicht meines nicht nur dem Prinzip nach möglichen, sondern der Wirklichung nach möglichen Meines-eingedenk-sein-Könnens: „*Und ich erinnere mich auch, daß ich mich erinnert habe, so wie ich späterhin, wenn ich mir ins Gedächtnis rufen werde, daß ich mich dessen heute entsinnen konnte, auch dies künftige Erinnern kraft meines Gedächtnisses vermögen werde.*“[29]

Die *memoria* konstituiert die sich durchtragende Identität des Individuum Mensch. Ohne sie wäre kein Zusammenhang von Vergangenem und Gegenwärtigem möglich, fiele alles Seiende in die Beliebigkeit. Die *memoria* ist somit nicht nur die Bedingung der Möglichkeit von Zeit, sondern ihr inhaltlich bestimmter Grund der Möglichkeit von Zeit. In fünf Punkten kann ihre Bedeutung zusammengefaßt werden:

1.) Die Einheit stiftende und Identität ermöglichende Prinzipienverfaßtheit der *memoria*.
2.) Das Wissen um einmal Empfangenes als Vergangenes.
3.) Die Vergegenwärtigung von Vergangenem mittels der Erinnerung.
4.) Die mögliche zukünftige Vergegenwärtigung.
5.) Die *memoria* als Ordnungsprinzip der Inhalte bezüglich ihrem Früher und Später in bezug zu ihrer eigenen, sich durchtragenden Identität.[30]

Das bedeutet, daß durch die *memoria* die Personalität des Subjektes und damit auch die Einmaligkeit jedweder Person allererst konstituiert wird.[31]

„*Und was in dem ganzen Lied geschieht, das geschieht auch in seinen Teilen und in seinen Silben; ebenfalls in einer längeren Handlung, von der das Lied vielleicht nur ein Teilchen ist;*

---

[29] „*Ergo et meminisse me memini, sicut postea, quod haec reminisci nunc potui, si recordabor, utique per vim memoriae recordabor.*“ (X 13,20/13ff.)

[30] vgl. dazu auch Brigitte Schmitt: Der Geist als Grund der Zeit. Die Zeitauslegung des Aurelius Augustinus. Diss. Freiburg/Breisgau 1967, S. 70.

[31] vgl. dazu Erich Lampey: Das Zeitproblem nach den Bekenntnissen Augustins. In: Wissenschaft und Weisheit 22, 1959, S. 1ff.; 119ff.; 190ff.; S. 197.

dasselbe im ganzen Leben des Menschen, dessen Teile Handlungen aller Menschen sind; dasselbe mit dem ganzen Zeitalter des Menschengeschlechts, dessen Teile alle Menschenleben sind.“[32]

Mit der Einmaligkeit der Person wird auch die Einmaligkeit des Zeitverlaufes und damit die Einmaligkeit von Geschichte überhaupt ausgesagt. Augustinus setzt sich in den Confessiones nicht eigens mit diesen Fragen auseinander; trotzdem laufen sie implicite mit und werden in dem geschichtsphilosophischen Werk Augustins „De civitate dei“ ausgeführt.[33]

Doch die durch die *memoria* grundgelegte Identität der Person und des Subjektes, die durch die Selbstbezüglichkeit des sich in seiner Zeitlichkeit erkennenden endlichen Subjektes ermöglicht wird, erfährt sich in Ansehung und Abhebung vom göttlichen Sein, das Einheit (Einsheit) schlechthin ist, als Nicht-bei-sich-sein: „ ... *aber ich bin in Zeiten zersprungen, deren Ordnung ich nicht kenne* ...“[34] Doch wäre die Einheit stiftende *memoria* nicht, könnte Augustinus sich nicht auf sich selbst beziehen und von sich als Person sagen, daß er in Zeiten zersprungen ist, denn dann wäre überhaupt keine Aussage über das Sein *in Zeit* möglich.

Ebenso ist die *memoria* als Grund der Möglichkeit für das Messen und Vergleichen von „Etwassen“ zu begreifen, da durch sie ein zeitliches Ereignis allererst seine Vollständigkeit und damit mögliche Bestimmbarkeit erfährt. Diese Fragen werden in § 3 „Das Problem der Meßbarkeit“ erörtert.

Ist die Memoria-Lehre auch stark von einer Raummetaphorik gekennzeichnet, so weist Augustinus aber darauf hin, daß es sich bei ihr gerade nicht um eine räumliche, sondern um eine rein geistige Dimension handelt. Diesen Zusammenhang betref-

---

[32] „*Et quod in toto cantico, hoc in singulis particulis eius fit atque in singulis syllabis eius, hoc in actione longiore, cuius forte particula est illud canticum, hoc in tota vita hominis, cuius partes sunt omnes actiones hominis, hoc in toto saeculo filiorum hominum, cuius partes sunt omnes vitae hominum.*“ (28,38/14ff.) Zu den mit dieser Textstelle verbundenen Schwierigkeiten siehe S. 87

[33] siehe ferner die Erörterungen in § 4.3 „Das Verhältnis von Ewigkeit und Zeit“.

[34] „ ... *at ego in tempora dissilui, quorum ordinem nescio* ...“ (29,39/18f.)

fende Erörterungen werden im folgenden Abschnitt eigens behandelt.

Die Bedeutung der *memoria* für die augustinische Philosophie im Sinne der *doctrina christiana*, die die *vera philosophia* als *vera religio* verstand, kann nicht hoch genug eingeschätzt werden. Sie bildet den Kulminationspunkt seiner Lehre von der Person, die ganz im Horizont der *analogia entis* und der damit verbundenen Erkenntnislehre als Wiedererinnerung steht. In dieser Arbeit kann dem leider nicht nachgegangen werden, doch sollte deutlich werden, daß die augustinische Memoria-Lehre *die* Grundlage für seine Zeiterörterung bildet.[35]

3. Die Raummetaphorik in ihrer Bedeutung für die Zeit

Die *memoria* legt die Vorstellung eines klar bestimmbaren Raumes nahe. Augustinus greift zum Bild, verwendet viele Raummetaphern. So beschreibt er die *memoria* mit Bildern von Gefilden und weiten Hallen des Gedächtnisses[36], in denen sich geheime und wunderbare Winkel befinden.[37] Es scheint so, als sei die *memoria* ein Gefäß, in dem Bilder, Wissen und vieles mehr gleichsam wie Schätze aufbewahrt werden. Damit aber gibt Augustinus einer Analogie raum, die dadurch problematisch wird, daß er etwas rein Geistiges mit Räumlichem zu beschreiben sucht.

Augustins Verwendung zahlreicher Metaphern, weist auf die stark von räumlichen Vorstellungen geprägte Sprache hin, so daß auch wenn etwas Nicht-Räumliches ausgesagt werden soll, die

[35] In den Zusammenhang der Ubiquität, die Augustinus als *memoria* und *anima* faßt, gehört unmittelbar seine Bestimmung der Zeit als *distentio animi*. Die Begründung dafür, daß ich diesen Problembereich der Frage der Meßbarkeit nachgeordnet habe ist darin zu sehen, daß sich diese Bestimmung für Augustinus aus dem Problem des Messens ergibt.

[36] *„ ... in campos et lata praetoria memoriae ...“* (X 8,12/3)

[37] *„Haec omnia recipit recolenda, cum opus est, et retractanda grandis memoriae recessus et nescio qui secreti atque ineffabiles sinus eius ...“* (X 8,13/10ff.); vgl. ferner X 8,14/1; X 9,16/1ff.

Sprache sich trotzdem räumlicher Metaphern bedienen muß. Daran knüpft sich die Frage, ob über die Zeit, deren Grund der Möglichkeit die *memoria* ist, überhaupt etwas ohne räumliche Vorstellungen aussagbar ist. Diese Frage müßte zunächst klar beantwortet werden, bevor gegen Augustinus der Vorwurf erhoben werden kann, er habe der *memoria* Räumlichkeit unterstellt.

Hinzu tritt der Umstand, daß ihm als Rhetor die Fülle der sprachlichen Ausdrucksmöglichkeiten zur Verfügung steht: Entweder findet er in ihr keine adäquate Form des sprachlichen Ausdrucks und muß somit zu Verlegenheitsbegriffen greifen, oder er versucht mit Metaphern und Bildern sich der *memoria* zu nähern, um ihr eigentliches Wesen so eher fassen zu können. Dabei dienen die Metaphern dann aber *als* Metaphern und machen gerade ihre Unzureichendheit dem thematischen Gegenstand gegenüber deutlich, indem sie die Andersartigkeit desselben klarer hervortreten lassen. „*Augustin sucht in Bildern oder Metaphern eine Sache zu fassen, läßt diese Sache aber sozusagen durch das Bild oder die Metapher hindurchscheinen. Das Bild, die Metapher wird für das Verstehen ‚gebraucht', wird aber gleichwohl im Verstehen der Sache ‚verbraucht', insofern nämlich im Verstehensvorgang eingesehen wird, daß die Metapher eigentlich unzulänglich ist, die Sache genau zu bezeichnen. Die Metapher wird im Verstehensvorgang überstiegen und wird als ‚versagende' Metapher zurückgelassen.*"[38]

Träfe das zu, so würde sich in der *memoria*, und das heißt zugleich für die Zeit, zeigen, daß die Bedeutung des Raumes für beide in einer Hilfsvorstellung liegt, die nicht eleminierbar ist. So ist bei der folgenden Textstelle der Akzent auf das *quasi* zu legen: „*Aber das ist's nicht allein, was mein Gedächtnis in seinem unermessenen Raum hegt. Da sind auch all die gelernten, noch versunkenen Dinge des Wissens und der Bildung, gleichsam tiefer weg verstaut ...*"[39] Noch deutlicher wird es in der darauf folgen-

[38] B. Schmitt: Der Geist als Grund der Zeit, S. 83.

[39] „*Sed non ea sola gestat immensa ista capacitas memoriae meae. Hic sunt et illa omnia, quae de doctrinis liberalibus percepta nondum exciderunt, quasi remota interiore loco, non loco ...*" (X 9,16/1ff.)

den paradoxen Aussage: *„inneren Ort, und doch nicht Ort ...“* Doch diese Form scheint die einzig mögliche zu sein. Es ist wichtig zu sehen, daß Augustinus sich nicht eigens mit dem Raum auseinandersetzt, d.h., daß somit keine falschen Schlußfolgerungen bezüglich der Bedeutung des Raumes gezogen werden dürfen. Unsere Textgrundlage erlaubt es nicht, Raum und Zeit gleichermaßen zu gewichten und einander entgegenzustellen, sondern nur die Frage, welche Bedeutung dem Raum im Hinblick auf die Zeit zukommt.

Die Annäherung an das Zeitproblem geschieht durch Raumvorstellungen in dreifacher Weise: Erstens durch die räumlich geprägten Bilder und Metaphern für die *memoria*, zweitens durch die Änderung der Fragestellung nach der Zeit, von der Quid-Frage zur Ubi-Frage, und drittens dadurch, daß für Augustinus die Innerlichkeit der Ort der Wahrheit ist.[40]

Je weiter Augustinus in seiner Erörterung des Zeitproblems fortschreitet, desto unabhängiger macht er die Wahl seiner Beispiele von körperlichen Gebilden. So fragt er, ob wir einen langen Balken mit Hilfe eines kürzeren messen[41], läßt dann aber das Bild des Balkens auf sich beruhen und geht zu dem Beispiel einer Stimme über. Dabei drängt er den für ein körperliches Etwas notwendigen Raum zurück und wendet sich völlig von der körperlich-räumlichen Dimension ab. Entscheidend dabei ist, daß die Dauer einer Stimme nur in der *memoria* gemessen werden kann, die ihrerseits als Ort der Zeit bezeichnet wird. Daß das gleiche für das Messen und Ermessen anderer Phänomene zutrifft, wird aufgrund der Schlüsselposition der *anima* und des *animus* deutlich. Augustinus seinerseits fällt aber selbst immer wieder hinter den

---

[40] *„So hat das Wort im Evangelium durch Vermittlung des Fleisches gesagt, und das ertönte äußerlich in den Ohren der Menschen, damit man es glaube und es innen in sich suche und es finde in der ewig feststehenden Wahrheit, wo der gute und ‚einzige Meister‘ alle Schüler belehrt.“* (8,10/8ff.)

In diesen Zusammenhang gehört ebenfalls der berühmte Satz Augustins: *„Gehe nicht nach außen, gehe in dich selbst zurück, im Inneren des Menschen wohnt Wahrheit ...“* (De vera religione 39,72)

[41] vgl. 26,33/9ff.

von ihm bereits erreichten Problemstand zurück, wenn er erneut nach dem *quid* fragt.[42]

Ein Kritiker wie Friedrich-Wilhelm von Herrmann setzt genau dort an, wo Augustinus den Raum aus der Zeiterörterung zu eliminieren sucht, und sieht darin die einschränkende Erklärungsmöglichkeit des augustinischen Ansatzes: „*Augustin hat an der Zeit nur die Zeitfolge in den Blick genommen, wenn er seine Zeitanalyse an den Zeitgeschehnissen, also an Innerzeitlichem, das nicht im Raume beharrt, orientiert hat. Weil er nicht das Beharrliche im Raume beachtet hat, sah er die Möglichkeit der Dauer von Innerzeitlichem nur in der memoria und nicht auch bei den im Raume beharrenden Dingen. Man könnte vielleicht die hypothetische Frage aufwerfen, ob wir nicht ein anderes Gegenwartsverständnis hätten, wenn die Gesamtheit des Innerzeitlichen nur aus Zeitgeschehnissen bestünde. Wenn man einmal dieses Gedankenexperiment macht, dann müßte man streng genommen auch unseren eigenen Leib mit wegdenken.*“[43]

Entscheidend für die Zeit ist der Raum also insofern, als Augustinus die die Zeit erklärenden Überlegungen nur mit Hilfe von räumlichen Metaphern zum Ausdruck bringen kann. Wird die Zeit als *distentio animi* begriffen, liegt ein räumlicher Begriff vor, der seinerseits nicht räumlich auslegbar ist.[44]

Wie sich bei der Erörterung des Schöpfungsgedankens zeigt, sind sowohl Zeit als auch Raum Bedingungen des Seienden schlechthin. Denn in der Auseinandersetzung mit der Auslegung des ersten Genesisverses fragt Augustinus: „*Aber Du, auf welche Weise hast Du sie geschaffen? Gewiß nicht im Himmel und auf der Erde hast Du Himmel und Erde geschaffen, nicht in der Luft und nicht im Wasser, weil auch diese zu Himmel und Erde gehören, nicht im Weltall hast Du das Weltall geschaffen, weil*

---

[42] vgl. 26,33/39.

[43] Friedrich-Wilhelm von Herrmann: Bewußtsein, Zeit und Weltverständnis. Frankfurt am Main 1971, S. 141.

[44] siehe dazu die Ausführungen in § 4.1 „Distentio, extentio, intentio animi“. Zu fragen wäre in diesem Zusammenhang, wann von einem *Zeitraum* oder einer *Raumzeit* gesprochen werden kann bzw. muß.

nicht war, wo es hätte werden können, bevor etwas hätte werden können, so daß es ist.“[45]

Die Frage nach dem Raum, in dem sich die Schöpfung ereignet, erweist sich als unangemessen: Die Bestimmung eines Ortes würde bereits eine Schöpfung voraussetzen. Damit bestimmt Augustinus die Zugehörigkeit des Raumes zu der Schöpfung und lehnt sie für die Bestimmung des höchsten Seins ab.

Wenn Augustinus Zeit aus der *anima* zu erklären versucht und dabei den Raum nicht mit einbezieht, so heißt dies nicht, daß er die Bedeutung des Raumes für jedwedes Seiende unterschlägt, sondern daß er den Grund der Möglichkeit für Zeit nicht in einer Verklammerung mit dem Raum sieht.[46]

---

[45] „*Sed tu quomodo facis ea? Quomodo fecisti, deus, caelum et terram? Non utique in caelo neque in terra fecisti caelum et terram neque in aere aut in aquis, quoniam et haec pertinent ad caelum et terram, neque in universo mundo fecisti universum mundum, quia non erat, ubi fieret, antequam fieret, ut esset.*“ (5,7/20ff.)

[46] vgl. dazu Karen Gloy: Die Struktur der Augustinischen Zeittheorie im XI. Buch der Confessiones. In: Philosophisches Jahrbuch 95, 1988, S. 72ff. Im Gegensatz dazu spricht sie davon, daß bei Augustinus eine *entzeitlichte, verräumlichte Zeit* vorläge. Zur Begründung nimmt sie auf das Beispiel des Liedganzen im 28. Kapitel Bezug, das in § 4.3 erörtert wird. „*Zeit ist ein relatives Ganzes von Teilen ... Wie der Raum mit allen seinen Teilen kopräsent ist, d.h. zugleich in jedem gegenwärtigen Augenblick, so ist auch die verräumlichte Zeit gegenwartsbezogen ... Genau besehen handelt es sich beim verräumlichten Zeitganzen um ein teleologisch strukturiertes Ganzes, bei dem im Anfang bereits das Ende antizipiert und im Ende der Anfang realisiert ist und bei dem während des gesamten Verlaufs Anfang und Ende gleicherweise wirksam sind.*“ (a.a.O. S. 89f.)

In ähnlicher Weise äußert sich Hermann-Josef Kaiser, der die Vorstellung des Raumes als grundlegend für die Konstitution der Zeit ansieht, da das Kriterium des Zeitlichen seine Gegenwärtigkeit sei. [vgl. Hermann-Josef Kaiser: Augustinus. Zeit und „Memoria“.(Abhandlungen zur Philosophie, Psychologie und Pädagogik, Bd. 67) Bonn 1969, S. 14] Wenn auch die Gegenwärtigkeit der *anima humana* der Grund der Möglichkeit für Zeit ist, so ist m.E. diese Gegenwärtigkeit nicht als räumlicher Begriff zu verstehen, da sie durch die *distentio animi* nicht in irgend einem Raum gehalten, sondern in der Dimension des Geistes selbst ist. Insofern halte ich den Begriff einer *verräumlichten Zeit* für außerordentlich problematisch und sehe eine Gleichsetzung von Gegenwärtigkeit und Raum nicht ohne weiteres gerechtfertigt.

M.E. liegt die Bedeutung des Raumes für die Zeiterörterung in der sprachlichen Ausdrucksweise, was allerdings auch darauf hinweist, daß der Mensch von Zeitlichkeit *und* Räumlichkeit bestimmt ist und er immer unter beiden als den Bedingungen seines Daseins steht.

Augustinus setzt sich im XI. Buch nicht direkt mit dem Problem der Gleichzeitigkeit auseinander. Hätte er das getan, so hätte er sich unweigerlich mit dem Raum auseinandersetzen müssen.

§3. Das Problem der Meßbarkeit

Bei einer Messung soll eine Sache näher bestimmt werden. Diese Bestimmung kann in unterschiedlicher Hinsicht Auskunft über diese Sache geben: Sie kann inhaltlicher oder formaler Natur sein, einer räumlichen oder zeitlichen Bestimmung gleichkommen, substantial oder akzidental sein. Im Deutschen ist es möglich, diese damit verbundene Bedeutungsvielfalt mit messen, *be*messen, *ab*messen, *aus*messen, *zu*messen, *durch*messen, *ver*messen und *er*messen wiederzugeben. Fraglich ist, ob es im Lateinischen eine Differenzierungsmöglichkeit vergleichbarer Art gibt, denn es ist auffällig, daß Augustinus durchgängig nur das Verb *metiri* verwendet. Man kann wohl davon ausgehen, daß er, sofern es mehrere Möglichkeiten gegeben haben sollte, diese auch gekannt hätte und ihm die dadurch in verschiedenen Problemebenen angesiedelten Bedeutungen nicht entgangen wären. Unter dieser Rücksicht müßte eine Interpretation ihr besonderes Augenmerk darauf richten, die jeweilige Bedeutung aus dem Kontext zu erschließen, da m.E. gerade in der Unterscheidung der verschiedenen Problemebenen ein Kardinalpunkt für die augustinische Zeiterörterung zu sehen ist. Interessant ist allerdings, daß Augustinus im Zusammenhang mit *metiri* immer nur von *spatium*, *intervallum* und *mora* spricht, jedoch nicht von *distentio*, *extentio* oder *intentio*. Inwieweit er dadurch vielleicht doch entscheidende Differenzierungen vornimmt, wird sich zeigen müssen.

Die im XI. Buch durchgängig gestellte Frage nach der Möglichkeit, Zeit zu messen, führt zu verschiedenen Problembereichen:

1.) Die Gebundenheit des Messens an ein Etwas.
2.) Die Frage nach dem Vorübergang, in dem allein Zeit gemessen werden kann.
3.) Das Problem der Ausdehnungsgebundenheit des Messens von etwas.

4.) Die Frage nach der Möglichkeit des Vergleichens.[1]
5.) Die Frage nach dem Ursprung des Maßstabes.
6.) Die Vielschichtigkeit der Frage nach der Meßbarkeit von Zeit überhaupt.[2]

Diese aus der Frage nach der Möglichkeit von Messen überhaupt sich ergebenden Problembereiche sollen nun im einzelnen untersucht werden.

1. Die Gebundenheit des Messens an ein Etwas

„Aber die Vergangenheit, die nicht mehr ist, oder die Zukunft, die noch nicht ist, wer kann sie messen? Keiner, er wagte denn zu sagen, er könne messen, was gar nicht ist.“[3] Dadurch, daß Augustinus das Messen an ein Etwas bindet, was ist, sind auch in diesem Bereich die Konsequenzen des eingeschränkten Frageansatzes *„Quid est ergo tempus?“* zu finden. Aufgrund dieses Ansatzes scheint eine Alternative zu dem *est* nur im *nihil* zu bestehen. Wird dieser Ausschluß aber nicht näher differenziert, muß die Überlegung in einer Aporie enden, da unter dieser Bedingung keine Vergleichsgrößen ansetzbar sind und kein Raum annehmbar, in dem überhaupt etwas gemessen werden könnte. D.h., es gäbe keinen Grund der Möglichkeit dafür, daß Etwas durch etwas gemessen werden kann.

Ein weiteres — in diesem Zusammenhang entscheidendes Problem — ist die doppelte Rücksicht, unter der Augustinus das Problem des Messens ansetzt. Einerseits fragt er allgemein nach Dingen, die Zeit prädizieren und die gemessen werden sollen, andererseits stellt er dabei immer die Frage nach dem Messen von Zeit selbst. Zum Teil macht er die unterschiedlichen Frageebenen nicht explizit, was ihn dann allerdings in eine Aporie, zumindest

[1] vgl. 21,27/21ff.

[2] vgl. 26,33/1ff.

[3] *„Praeterita vero, quae iam non ‚sunt‘, aut futura, quae nondum ‚sunt‘, quis metiri potest, nisi forte audebit quis dicere metiri posse quod non est?“* (16,21/9ff.)

im formalen Sinne, führt: „*Aber wenn sie (die Stimme) aufgehört hat, ist sie nicht mehr. Wie aber könnte sie dann gemessen werden? Aber dennoch messen wir die Zeiten, weder die, die noch nicht sind, noch die, die nicht mehr sind, noch die, die in keiner Dauer erstreckt sind, noch die, die keine Grenzen haben. Also messen wir weder künftige, noch vergangene, noch gegenwärtige, noch vorüberziehende Zeiten, aber dennoch messen wir die Zeiten.*“[4]

Augustinus trifft nicht die Unterscheidung zwischen dem Messen von Etwas *durch* die Zeit und dem Messen der Zeit selbst. Grundsätzlich können aber zwei Möglichkeiten von Messungen unterschieden werden: Zum einen wird Etwas durch etwas anderes gemessen; in diesem Fall liegt ein Bezugssystem vor, in dem sich diese Art des Messens vollzieht. Zum anderen kann sich Etwas *durch sich selbst* messen; hier wäre es richtiger, man würde statt von Messen von *Er*messen sprechen. Denn diese letzte Form der Messung setzt nicht zwei unterschiedliche Dinge voneinander ab, indem sie diese bestimmt, sondern bestimmt sich durch sich selbst. Das aber kann nur in einer Prinzipiendimension geschehen und ist somit der Messung eines außerhalb seiner selbst Liegenden *sachlich* vorgeordnet.

In bezug auf die zu messenden Dinge heißt das, daß diese durch ein anderes gemessen werden. So kann beispielsweise ein längerer Balken mit Hilfe eines kürzeren gemessen werden, oder man kann die Bewegung eines Körpers mittels eines Zeitstandards, der auf Vereinbarung beruht, messen. Wird aber nach der Meßbarkeit von Zeit selbst gefragt, so stellt sich die Frage, ob Zeit sich durch sich selbst ermessen kann, oder ob sie ebenfalls mittels eines *außerhalb* ihrer selbst liegenden Maßstabes gemessen wird. Diese letzte Aussage wäre nur dann zutreffend, wenn Zeit sich als ein Etwas erweisen würde, von dem eine Selbstbezüglich-

[4] „*Cum autem finita fuerit, iam non ‚erit'. Quo pacto igitur metiri poterit? Et metimur tamen tempora, nec ea, quae nondum ‚sunt', nec ea, quae iam non ‚sunt', nec ea, quae nulla mora extenduntur, nec ea, quae terminos non habent. Nec futura ergo nec praeterita nec praesentia nec praetereuntia tempora metimur et metimur tamen tempora.*“ (27,34/29ff.)

keit ausgesagt werden kann. Da sich aber gerade das *nicht* in der augustinischen Zeitüberlegung gezeigt hat, muß für das Messen der Zeit der Maßstab außerhalb ihrer selbst gesucht werden. Die Konsequenz aus diesem Gedanken ist aber nicht in der Möglichkeit der Gleichsetzung von dem Messen eines Etwas und dem Messen von Zeit zu sehen. Denn auch wenn sowohl das Etwas als auch Zeit durch etwas anderes gemessen werden, ist noch nicht der Frage nach dem jeweils in Ansatz zu bringenden Maßstab und der Frage nach der Unterschiedenheit von Zeit und Etwas Rechnung getragen.[5]

Augustins alltägliche Fragerücksicht *„Und dennoch sprechen wir von langer Zeit und kurzer Zeit ...“*[6] führt ihn zu der Frage, wann denn Zeit lang gewesen sei. *„Diese Temporalisierung des Seins solcher Zeitstrecken oder -quanta, die mit unterschiedlichen Längenmaßen verglichen werden, erlaubt nun auch eine temporale Fragestellung in Bezug [sic.] auf die Zeit selbst ...“*[7]

Diese Frage beantwortet Augustinus seinem Ansatz getreu: *„Lang gewesen ist jene Zeit ‚als gegenwärtige‘, weil sie als gegenwärtig Seiende lang war.“*[8] So tritt das Problem der Gegenwart in den Blick: Einerseits kann nur *etwas* gemessen werden, wenn es gegenwärtig ist, andererseits hat die Gegenwart keine Ausdehnung. Doch die Meßbarkeit von Etwas und die ausdehnungslose Gegenwart stehen insofern nicht kontradiktorisch zueinander, da sie unterschiedlichen Problemebenen angehören: Die ausdehnungslose Gegenwart ist eine logische Bestimmung, die nicht aufgrund von Erfahrungen gewonnen wird, während das Messen als alltägliche Erfahrung eine Gewißheit darstellt. D.h.,

---

[5]siehe dazu die weiteren Ausführungen § 3.5 „Die Frage nach dem Ursprung des Maßstabes“.

[6] *„Et tamen dicimus longum tempus et breve tempus ...“* (15,18/1f.)

[7]Martin Steinhoff: Zeitbewußtsein und Selbsterfahrung. Studien zum Verhältnis von Subjektivität und Zeitlichkeit im vorkantischen Empirismus und in den Transzendentalphilosophien Kants und Husserls. 2 Bde, Würzburg 1983 (Epistemata, Würzburger Wissenschaftliche Schriften, Reihe Philosophie Bd. XIV) S. 31.

[8] *„Longum fuit illud ‚praesens‘ tempus, quia cum praesens esset, longum erat.“* (15,18/25f.)

wenn Augustinus die Möglichkeit des Messens auch postuliert, so tut er das aufgrund der alltäglichen Gewißheit des Messen-Könnens. Wie sich bereits in § 1.2 „Die Gegenwart und ihre unterschiedlichen Rücksichten" zeigte, sind vier Problemebenen der Gegenwart zu unterscheiden: die Gegenwart eines Etwas, die Gegenwärtigkeit der *anima humana*, der *contuitus* und die ausdehnungslose Gegenwart als logische Bestimmung. Unter diesen unterschiedlichen Rücksichten bildet die Gegenwart *den Horizont*, in dem sich das Erleben, das Denken und das Messen vollzieht.

Augustinus modifiziert seinen Frageansatz, indem er fragt: *„Ubi est ergo tempus?"* Damit erweitert er den Begriff der Seiendheit eines Etwas und erschließt zugleich die Möglichkeit, überhaupt ein Etwas zu messen; denn dadurch, daß er sich der Dimension der Bewußtseinsakte, der *memoria*, dem *contuitus* und der *expectatio* zuwendet, ermöglicht er überhaupt ein Vergleichen von Dingen untereinander.

2. Die Frage nach dem Vorübergang, in dem allein Zeit gemessen werden kann

„Aber wir messen Zeiten, indem sie vorübergehen, wenn wir wahrnehmend sie messen ..."[9] Wie bereits erörtert, ist die Voraussetzung für das Wahrnehmen dessen, was vorübergeht, ein Standort außerhalb des Zeitverlaufes, da sonst der Verlauf *qua praeterire* nicht wahrnehmbar wäre.[10] Das *metiri* wird von dem *sentiri* ausgelegt. Das *sentiri* weist auf den Identitätspunkt hin: Wer nimmt wahr? Die *anima*. Hierin ist die Grundlage für die Konsequenz zu sehen, die Augustinus zieht, wenn er sagt: *„In dir, mein Geist, messe ich die Zeiten."*[11] Die immerwährende Gegenwärtigkeit der *anima humana* ermöglicht die für das Messen notwendi-

[9] *„Sed praetereuntia metimur tempora, cum sentiendo metimur ..."* (16,21/7f.)

[10] vgl. dazu die Ausführungen in § 1.4 „Das praeterire und transire der Zeit".

[11] *„In te, anime meus, tempora metior."* (27,36/1)

ge Identität. Die sich daran anschließende Frage richtet sich auf die Bezugspunkte dieses Messens, die selbst nicht gegenwärtig sein können. Damit wird die in der *memoria* gehaltene Vergangenheit notwendig für Messung überhaupt. Es zeigte sich aber bereits im Kapitel „Das praeterire und transire der Zeit": Wird der Vorübergang faktisch genommen, kann keine Aussage über die sich dann entziehende Zeit gemacht werden. Wird hingegen der Vorübergang in der Dimension der *anima humana* verortet, ist *der* Horizont einer zeitlichen Erstreckung genannt, der gerade nicht räumlich zu verstehen ist. Das bedeutet, daß sich der Vorübergang als *praeterire in* der Gegenwärtigkeit der *anima humana* vollzieht.

3. Das Problem der Ausdehnungsgebundenheit des Messens von etwas

„*Was aber messen wir, wenn nicht Zeit in irgendeiner Ausdehnung? Denn sprechen wir nicht von einfach oder doppelt oder dreifach oder gleich oder was wir sonst in dieser Weise in Zeit sagen, wenn nicht als Ausdehnungen der Zeiten. In welchem Raum aber messen wir die vorübergehende Zeit? Etwa in der Zukunft, von woher sie vorübergeht? Aber was nicht ist, das können wir nicht messen. Oder in der Gegenwart, durch die sie vorübergeht? Aber Ausdehnungsloses messen wir nicht. Oder in der Vergangenheit, wohin sie vorübergeht? Aber was nicht mehr ist, messen wir nicht.*"[12] Diese Textstelle zeigt in besonderer Weise die Begrenztheit des Fragehorizontes in einer rein faktischen Dimension: Die Frage nach der Zeit muß notwendig in einer Aporie enden. Ob diese Aporie eine formal-rhetorische ist oder in anderer Weise inhaltlich bestimmt werden muß, wird sich im folgenden noch

[12] „*Quid autem metimur nisi tempus in aliquo spatio? Neque enim dicimus simpla et dupla et tripla et aequalia et si quid hoc modo in tempore dicimus nisi spatia temporum. In quo ergo spatio metimur tempus praeteriens? Utrum in futuro, unde praeterit? Sed quod nondum ‚est', non metimur. An in praesenti, qua praeterit? Sed nullum spatium non metimur. An in praeterito, quo praeterit? Sed quod iam non ‚est', non metimur.*" (21,27/21ff.)

zeigen. Entscheidend ist aber auch der äquivoke Gebrauch des Begriffes *metiri.* Damit deutet sich eine andere Meßart an. Die bereits in § 3.1 in Ansatz gebrachte Unterscheidung von „Etwas durch etwas anderes messen" und „Etwas durch sich selbst ermessen" hängt mit dem Begriff der Ausdehnung zusammen. So bezieht sich die erste Meßart auf etwas räumlich Ausgedehntes, während die zweite einer geistigen Ausdehnung gleichkommt. Beide gehören unterschiedlichen Problemebenen an. Das trifft ebenfalls auf die Begriffe von Dauer, Intervall und ausdehnungsloser Gegenwart zu. Hier unterscheidet Augustinus *aliquo spatio* und *praesens nullum habet spatium.* Das *aliquo* drückt aus, daß dieser Raum noch nicht bestimmt werden kann. Es ist nicht die punktbestimmte Gegenwart. Es ist vielmehr der Hinweis auf eine Gegenwart, in der die Möglichkeit der Erstreckung in anderer Weise erfolgt. Es ist jene, die er als *distentio animi* bezeichnet. Durch die Wahl seines Beispiels der körperlichen Stimme wendet er sich von den dinglichen Gegebenheiten ab und hin zu zwar wahrnehmbaren, aber nicht gegenständlichen Gegebenheiten.[13]

Das Fazit des Problems der Gebundenheit des Messens an irgendeine Ausdehnung ist, daß verschiedenen Arten von Ausdehnungen unterschieden werden müssen, die durch die sich jeweils ausdehnenden „Dinge" bestimmt werden.

4. Die Frage nach der Möglichkeit des Vergleichens

Die Möglichkeit des Vergleichens impliziert einen den Messungen zugrunde liegenden einheitlichen Maßstab, ein Bezugssystem, in welchem überhaupt etwas ins Verhältnis gesetzt werden kann, und eine diese Verhältnisse untergreifende Einheit, die garantiert, daß ein Subjekt mit einem Objekt vermittelt ist. Hier ist die Frage nach dem Grund der Möglichkeit für einen Maßstab

[13] An dieser Stelle wäre die Problematik der Analogiebildung von der Stimme eines Körpers und der Zeit zu beachten, doch bereits in der Wahl des Beispiels kann eine Abkehr von den tatsächlichen Gegebenheiten gesehen werden.

überhaupt abzuheben von einem Standard der Messung, der rein auf Vereinbarungen beruhen kann, einer willkürlichen Festlegung gleichkommt. Diese Frage wird im vorletzten Punkt der Erörterungen dieses Kapitels behandelt werden.[14]

Gemessen werden kann nur etwas, wenn Anfangs- und Endpunkt einer Sache bekannt sind: *„Deshalb kann eine Stimme, die noch nicht beendet ist, nicht gemessen werden, so daß man sagen könnte, wie lang oder kurz sie sei, noch läßt sich sagen, sie sei gleich lang mit irgendeiner anderen, oder sie sei das Einfache oder Doppelte oder sonst dergleichen."*[15]

So kann die Dauer einer Stimme erst nach ihrer Beendigung bestimmt werden. *„Aber wenn sie aufgehört hat, ist sie nicht mehr. Wie aber könnte sie dann gemessen werden?"*[16] Das ist die Augustinus fortwährend beunruhigende Frage. Wie sich aber bereits bei den Überlegungen zur *memoria* herausstellte, ermöglicht diese, daß Vergangenes ‚ist', nicht aber in der gleichen Weise ‚ist', wie gegenwärtig faktisch Gegebenes. Es ist ein anderer Seinsmodus, der aber nicht kurzerhand mit *nihil* gleichgesetzt werden kann. Das aber heißt nichts anderes, als daß eine Messung ohne die *memoria* prinzipiell nicht möglich ist. Damit haben wir es bereits mit zwei verschiedenen Problemdimensionen zu tun, mit der Dimension des zu Messenden und der Dimension, in der sich diese Messung vollzieht.

So wird auch vom Problem des Messens her die Bedeutung der *memoria* deutlich: Denn wenn erst durch die Vergangenheit etwas in seiner Gesamtheit angeschaut werden kann, so kann sie nicht einfach nichts sein. Die *memoria* ist als Erinnerung und sich durchtragender Identitätspunkt der ermöglichende Grund von Messung überhaupt.

---

[14] siehe § 3.5 „Die Frage nach dem Ursprung des Maßstabes".

[15] *„Quapropter vox, quae nondum finita est, metiri non potest, ut dicatur, quam longa vel brevis sit, nec dici aut aequalis alicui aut ad aliquam simpla vel dupla vel quid aliud."* (27,34/25ff.)

[16] *„Cum autem finita fuerit, iam non ‚erit'. Quo pacto igitur metiri poterit?"* (27,34/29ff.)

Damit stellt sich die Frage nach dem Verhältnis, in dem das zu Messende zur Zeit einerseits und der Messende zur Zeit andererseits steht.[17]

5. Die Frage nach dem Ursprung des Maßstabes

Die Frage nach der Meßbarkeit von Zeit setzt notwendig einen Maßstab voraus. Worin aber der Grund der Möglichkeit eines Maßes und damit eines Maßstabes überhaupt liegt, ist die Frage, die sich notwendigerweise stellen muß. Augustinus stellt sie nicht explizit, sondern verweist implizit darauf, wenn er fragt, *wo* er denn Zeit messe. Seine Antwort *„In dir, mein Geist, messe ich die Zeiten“*[18] weist in die Dimension der *anima* und *memoria*. Hier kommt in bezug auf die Zeit das Messen der ersten Art in Ansatz: In dir, Geist, der ich bin, messe ich die Zeiten. D.h., ich Geist bin der Ort der Messung und bin zugleich der, der mißt. Damit werden die Zeiten durch etwas anderes, den Geist, gemessen. Er ist es, der den Maßstab für die Messung „bereitlegt“.

Daraus ergibt sich die Frage, ob das *metiri* an dieser Stelle mit der Grundbedeutung *messen* wiedergegeben werden kann, oder ob nicht auf die Bedeutung *ermessen* zurückgegriffen werden muß. Aufgrund der Prinzipienverfaßtheit der *anima* ist sie der Grund der Möglichkeit des Maßes bzw. eines Maßstabes überhaupt. Will sie etwas außerhalb ihrer selbst bestimmen, so mißt sie; will sie sich selbst bestimmen, einsehen, ermißt sie sich. Damit wird zugleich ausgesagt, daß es sich nicht um einen beliebigen Maßstab handelt, sondern um einen prinzipiell verfaßten, d.h. apriorischen Maßstab.

---

[17] siehe dazu die Ausführungen in § 2.1 „Die anima in ihrer Bedeutung für die Zeit“; § 2.2 Die Memoria-Lehre in ihrer Bedeutung für die Zeit“; § 4.2 „Zeit als creatum und distentio animi“.

[18] *„In te, anime meus, tempora metior.“* (27,36/1)

6. Die Vielschichtigkeit der Frage nach der Meßbarkeit von Zeit überhaupt

„In dir, mein Geist, messe ich die Zeiten. Lärme mir nicht dazwischen: es ist so; lärme mir nicht dagegen im Wirrwarr deines Zustandes. In dir, sage ich, messe ich die Zeiten. Den Eindruck, den die vorübergehenden Dinge in dir hinterlassen und der bleibt, wenn jene vorübergegangen sind, den selbst messe ich als gegenwärtigen, nicht die, die den Eindruck erzeugend vorübergegangen sind; ihn selbst messe ich, wenn ich die Zeiten messe. Also entweder sind die Eindrücke die Zeiten, oder ich messe nicht die Zeiten.“[19]

Erneut tritt das Problem der Verschleifung der thematischen Fragerücksichten auf: Augustinus bestimmt das Zu-Messende als *affectio* der *res praetereuntes.* Wird also etwas gemessen, so nicht das Etwas selbst, sondern der Eindruck, der von dem Etwas im Geiste zurückbleibt. Dieser ist gegenwärtig, während das Etwas bereits vergangen ist. Das ist die eine Aussage, die aus der erwähnten Textstelle hervorgeht. Die andere bezieht sich auf die Zeiten: *„Ihn (den Eindruck) selbst messe ich, wenn ich die Zeiten messe.“* Hier scheint wiederum eine Metabasis eis allo genos vorzuliegen, da Augustinus den Eindruck von Erscheinungen mit den Zeiten gleichsetzt, denn er folgert: *„... entweder sind die Eindrücke die Zeiten, oder ich messe nicht die Zeiten.“*

Diese Stelle macht das Problem des Verhältnisses von Etwas und Zeit deutlich. Wie soll dieses angesetzt werden? Ist Zeit etwas, was den Dingen anhaftet, was eine Spur im Geiste hinterlassen kann? Oder ist Zeit ein einem Etwas Immanentes, d.h. eine Bestimmung dieses Etwas? Wie sich bereits zeigte, kann die *reine Zeit* als ein Etwas nicht eruiert werden. Daraus folgt, daß,

---

[19] *„In te, anime meus, tempora metior. Noli mihi obstrepere: quod est; noli mihi obstrepere turbis affectionum tuarum. In te, inquam, tempora metior. Affectionem, quam res praetereuntes in te faciunt et, cum illae praeterierint, manet, ipsam metior praesentem, non ea quae praeterierunt, ut fieret; ipsam metior, cum tempora metior. Ergo aut ipsa sunt tempora, aut non tempora metior.“* (27,36/1ff.)

sofern sie gemessen werden könnte, sie entweder nur an einem Etwas gemessen werden kann, das Zeit prädiziert, oder aber nicht als ein Etwas, sondern als Bestimmungsmoment jedweden Seins aufgefaßt werden muß, als Zeitlichkeit.

Wenn Augustinus resümierend folgert: entweder sind die Eindrücke die Zeiten, oder wir messen nicht die Zeiten, so kann dies als ein aporetisches Resultat von Überlegungen angesehen werden, die in der Dimension der *creata* angesetzt sind. Denn aus diesen Aussagen wird deutlich, daß Augustinus immer wieder versucht, Zeit wie alle anderen *creata* zu messen.[20]

Was aber heißt unter dieser Rücksicht etwas *in Zeit* messen? Die Rede von *ich messe etwas in der Zeit* kann auf dem Hintergrund dessen, daß Zeit als *distentio animi* gefaßt wird und den Ort abgibt, wo gemessen wird, und der Geist ja derjenige ist, der mißt, so verstanden werden, daß Zeit nicht als solche, sondern als die zeitliche Bestimmung des Menschen, hier und jetzt nur unter zeitlichen Bedingungen handeln zu können, betrachtet werden muß. Denn das bringt zum Ausdruck, daß sie nicht etwas in oder an ihm ist, sondern ein Bestimmungsmoment seiner selbst. Der Mensch kann anderes nur in der Weise der eigenen Zeitlichkeit seiner selbst, insofern maß-gebend, wahrnehmen. Da es ihm nicht anders möglich ist, könnte unter dieser Voraussetzung keine Aussage darüber gemacht werden, ob die Dinge an sich ebenfalls zeitlich sind.[21] Augustinus kann aufgrund seiner Schöpfungslehre alle *creata* zeitlich fassen. Die entscheidende Konsequenz daraus wäre, daß die *anima* durch ihre Zeitlichkeit maßgebend anderes mit anderem messen, sich selbst aber nur ermessen kann. Wenn die *anima* sich selbst ermißt, so steht sie nicht außerhalb ihrer selbst, sondern versucht, sich selbst durch sich selbst zu erkennen, um sich ihrer selbst gemäß, d.h. ihrem

[20] Die Alltagserfahrungen mit der Zeit (wir messen Stunden, Tage, Jahre) bilden die Grundlage dieses Ansatzes. So läuft Augustinus immer wieder Gefahr, die Quid-Frage zu bemühen und damit hinter einen bereits erreichten Problemstand zurückzufallen.

[21] Ungeachtet der Frage, ob überhaupt von an sich seienden Dingen gesprochen werden kann, wäre zu klären, welche Voraussetzungen mit jener Rede unterderhand gemacht würden.

eigenen Maß, ihrer eigenen Prinzipienwirklichkeit entsprechend, zu verhalten. Tut sie das, so wirklicht sie die Möglichkeiten des sie selbst grundlegenden Prinzips. D.h., sie verhält sich gemäß ihrer eigenen Bestimmtheit. Daraus folgt, daß der von der *anima* gesetzte Maßstab nicht ein subjektiver, im Sinne von „beliebiger" ist. Sie selbst ist das Maß ihrer selbst.[22]

Die Dimension der *anima* ist als maßgebendes Prinzip der Seinsgrund der Möglichkeit jedweder Maßsetzung welcher Art auch immer. Ohne sie wäre eine Messung mit einem Standard nicht möglich. In der Konsequenz heißt das: Wir messen nicht die Zeit, sondern wir ermessen unsere Zeitlichkeit. Das ändert nichts daran, daß wir etwas aufgrund eines Standards messen, um dann Aussagen über ein Etwas zu machen, die aber relativer Art sind, da sie ihre Gültigkeit aus der Beziehung zu dem vereinbarten Maßstab und den mit diesem Maßstab durchgeführten Messungen haben. Dabei handelt es sich nicht um geschiedene, sondern verschiedene Problemdimensionen, von denen die erste die Grundlegung für die zweite ist.

Sprechen wir von *in der Zeit*, so kann dies nicht meinen, *in etwas anderem sein*, sondern in der uns eigenen Zeitlichkeit. Dieses *in der Zeit* ist also nicht etwas außer meiner selbst. Hieran knüpfen sich folgende Fragen:

a) nach dem Verhältnis von dem zeitenthobenem Prinzip und der Zeitbetroffenheit

b) nach dem Verhältnis von dem eben hergeleiteten Verständnis der Zeitlichkeit und dem Ansatz, Zeit sei ein *creatum*. Beide Fragen sind an den jeweiligen Orten behandelt.

Wie sind in diesem Horizont nun *spatium*, *intervallum* und *mora* zu verstehen? Die Zeit, die Augustinus als *distentio animi* faßt, kann durch die Erstreckung des Geistes zur *mora*, zur Dauer werden, da der Geist, indem er sich erstreckt, immer auch in

[22] An dieser Stelle wäre die Frage aufzuwerfen, welche Antworten Augustinus in diesem Horizont in bezug auf das Problem des Maßes, der Zahl und der Ordnung gibt und wie sie angesetzt werden müßten. Da dies aber weit über das in diesem Zusammenhang in Rede stehende Thema hinausführen würde, kann dem Gedanken hier nicht nachgegangen werden.

der seienden Gegenwärtigkeit seiner selbst besteht. Die zeitliche Dauer hat ihren Grund in der Identität des *animus*. Das *spatium* hingegen kann sowohl die Dimension des Geistes als aber auch eine räumliche Vorstellung benennen. Deutlich wird das auch bei dem Intervall, das beispielsweise in der Musik die Bestimmung eines Tonraumes ist, oder in der Dimension der Zeit einen Zeitraum beschreibt, in dem es den Raum, innerhalb dessen etwas geschieht, festlegt und durch einen Standard objektiv bestimmbar macht, auch wenn diese Vorstellung nicht räumlicher Art ist.[23]

[23] siehe dazu die Ausführungen in § 2.3 „Die Raummetaphorik in ihrer Bedeutung für die Zeit“.

§4. Zeit im Horizont von Schöpfung und Geist

1. Distentio, extentio, intentio animi

Bevor Augustinus die Zeit als Ausdehnung des Geistes bestimmt, spricht er nur davon, daß Zeit eine *distentio* sei: *„Ich sehe also, daß Zeit eine Art Ausdehnung ist. Aber sehe ich es wirklich? Oder scheint es mir, daß ich es sehe? Du wirst es zeigen, Licht, Wahrheit.“*[1] In diesem Zusammenhang geht es ihm um die Frage, ob Zeit eine Bewegung des Körpers ist oder nicht doch unabhängig von dieser zu sehen ist, *„... da auch, als auf das Gebet eines Mannes hin die Sonne stillstand, damit er siegreich seine Schlacht vollendete, die Sonne stehen blieb, aber die Zeit weiterging. Die Schlacht ist nämlich geschlagen und beendet worden in ihrer (eigenen) Zeitspanne, die für sie genügte.“*[2] Die Textstelle Josua 10,12f. scheint ihm ein neuer Hinweis dafür zu sein, daß Zeit nicht die Bewegung eines Körpers ist, sondern daß sie sich dehnt, erstreckt zu einem *spatium*, in dem etwas sein und gemessen werden kann.

Ist es aber die Zeit selbst, die sich dehnt? Kann die Zeit, so wie Augustinus sie bislang zu bestimmen versuchte, sich überhaupt dehnen und erstrecken?

Wie sich bereits zeigte, kann die Zeit nicht direkt nach ihrem Wesen, und dazu würde ja eine Ausdehnung gehören, befragt werden, was Augustinus bewegt, erneut nach dem *ubi* der Zeit zu fragen mit dem Ergebnis: *„Zeit sei Ausdehnung und nichts*

---

[1] *„Video igitur tempus quandam esse distentionem. Sed video? An videre mihi videor? Tu demonstrabis, lux, veritas.“* (23,30/44ff.)

[2] *„... quia et cuiusdam voto cum sol stetisset, ut victoriosum proelium perageret, sol stabat, sed tempus ibat. Per suum quippe spatium temporis, quod ei sufficeret, illa pugna gesta atque finita est.“* (23,30/39ff.)

anderes: aber wessen Ausdehnung, weiß ich nicht, aber es sollte mich wundern, wenn nicht die des Geistes selbst."[3]

Wird Zeit also nicht als *distentio* ihrer selbst, sondern als *distentio* des Geistes von Augustinus bestimmt, so ist nach dem Genus des Genitivs zu fragen. Bereits bei den Überlegungen zur Ubiquität der Zeit wurde deutlich, daß Zeit, nun bestimmt als *distentio animi*, im *animus*, in der *memoria*, in der *anima* verortet ist. Das aber würde bedeuten, daß es sich nicht um einen *genitivus obiectivus*, sondern nur um einen *genitivus subiectivus* handeln kann.

Wie ist nun diese Dimension zu bestimmen? Sie kann weder das logische Abstraktum einer Gegenwart ohne Ausdehnung sein, noch gehört sie der dinglichen Sphäre an, denn dort wäre sie durch etwas objektiv Bestimmbares ausgezeichnet. So ist diese *distentio* weder eine Ausdehnung der Zeit selbst, noch bezieht sie sich auf ein anderes, da sie sich *in actu* nur auf ein anderes beziehen könnte, wenn sie sich auf sich selbst beziehen kann.[4] Doch hat sich gerade bei den augustinischen Überlegungen gezeigt, daß dies nicht möglich ist. Daraus folgt, daß *Ausdehnung des Geistes* als *genitivus subiectivus* zu lesen ist, was bedeutet, daß der Geist, die *anima*, sich in sich durch sich selbst erstreckt.

Was aber heißt dann, Zeit sei die Ausdehnung des Geistes selbst? Und kann dann noch von der Zeit unabhängig vom erkennenden Geist gesprochen werden, da Zeit, sofern sie ist, als reflektierte ist?

Der *Raum* der Zeit ist so der *animus* selber. In ihm und durch ihn gewinnt die Zeit *distentio*, *spatium*. In ihm und durch ihn kann ein Intervall bestimmt werden, kann sich etwas in ihm zur *mora* dehnen. Dies ist nur aufgrund der Zusammenschau von *memoria*, *contuitus* und *expectatio* in der Gegenwärtigkeit der *anima*

---

[3] „*Inde mihi visum est nihil esse aliud tempus quam distentionem: sed cuius rei, nescio, et mirum, si non ipsius animi.*" (26,33/30ff.)

[4] Ein sich aktiv auf ein anderes Beziehendes setzt seine eigene Selbstbezüglichkeit voraus. Davon ist eine passive Bezogenheit eines nicht auf sich selbst Bezüglichen abzuheben.

humana möglich. Es ist demnach nicht die Ausdehnung in einem Raum, sondern die, die dem Geist selbst eignet.

Wenn Augustinus die Zeit als *distentio animi* bestimmt, diese aber nicht eine Erstreckung auf ein anderes, sondern die Erstreckung ihrer selbst ist, so befinden wir uns in der Prinzipiendimension des *animus* selbst. Dann allerdings stellt sich die Frage, ob noch davon gesprochen werden kann, daß die *distentio animi* Zeit sei, oder ob sie nicht vielmehr in der Prinzipiendimension verortet Zeitlichkeit sei, nicht aber überhaupt, sondern Zeitlichkeit der *anima* selbst ist. Die eminenten Konsequenzen dieses Gedankens werden im Zusammenhang mit der doppelten Bestimmung der Zeit sowohl *distentio animi*, als auch *creatum* zu sein, im Kapitel „Zeit als *creatum* und *distentio animi*" erörtert.

Die *distentio animi* wird jedoch von Augustinus nicht nur als Ausdehnung, Ausspannung des Geistes angesprochen, sondern auch als eine Zerstreuung, Zerfahrenheit: *„Aber, ‚da Deine Barmherzigkeit besser ist als das (irdische) Leben überhaupt', siehe mein Leben ist Zerfahrenheit, ‚und Deine Rechte hat mich aufgenommen' in meinem Herrn, dem Mittler als des Menschen Sohn zwischen Dir, dem Einen und uns den Vielen, in Vielem durch Vieles, damit durch ihn ich ergreife, in dem ich auch ergriffen worden bin, und von den alten Tagen weg raffe ich mich auf, dem Einen zu folgen, das ‚Vergangene vergessend', nicht ausdehnend nach dem, was künftig und vorübergehend ist, sondern ausgestreckt zu dem, was vorher ist, nicht in Zerstreutheit, sondern in Hindehnung folge ich der Palme der Berufung nach oben, wo ich die Stimme Deines Lobes höre und Deine Wonne betrachte, die weder kommt noch vergeht."*[5]

---

[5] *„Sed ‚quoniam melior est misericordia tua super vitas', ecce distentio est vita mea, ‚et me suscepit dextera tua' in domino meo, mediatore filio hominis inter te unum et nos multos, in multis per multa, ut per eum ‚adprehendam, in quo et adprehensus sum', et a veteribus diebus colligar sequens unum, ‚praeterita oblitus', non in ea quae futura et transitura sunt, sed ‚in ea quae ante sunt' non distentus, sed ‚extentus', non secundum distentionem, sed secundum intentionem ‚sequor ad palmam supernae vocationis', ubi ‚audiam vocem laudis et contempler delectationem tuam' nec venientem nec praeteruntem."* (29,39/1ff.)

Kann sich der Mensch der Zerfahrenheit, Zertreuung und letztlich dem Verlust seiner selbst widersetzen? An dieser Stelle zeichnet sich die Möglichkeit ab, einerseits den Seinsstand zu erkennen und ihm gemäß zu handeln, andererseits ihn zu verfehlen. Das führt Augustinus exemplarisch im XII. Buch von De trinitate unter dem Topos *experimentum medietatis* vor, ein *experimentum*, das gelingen, aber auch mißlingen kann.

Das Ausgespanntsein der *anima* hat seinen Fußpunkt in der Gegenwärtigkeit der *anima humana*, die trotz ihrer Prinzipienverfaßtheit genötigt ist, sich nur in einem Nacheinander ihrer selbst einsichtig werden zu können und ihrer Prinzipienwirklichkeit gemäß zu handeln. Nur indem der Mensch sich seines Prinzipienstandes immer wieder neu eingedenk wird, kann er sich dem Verlust seiner selbst entziehen und damit dem Schritt in die Verbeliebigung entgegentreten. So bleibt Augustinus auch nicht bei der *distentio animi* stehen, sondern legt sie als *extentio* aus, indem er sie in diese überführt, in ein Hingespanntsein, Ausgespanntsein auf das, was nicht zeitlich vor ihm, sondern ihm immer schon Zugrundeliegendes und Ermöglichendes ist, und was seine Erfüllung durch eine *intentio*, die in der ewigen Gottesschau mündet, erfährt: *„Jetzt fürwahr sind meine Jahre Jahre des Seufzens, aber Du mein Trost, Herr, mein Vater, bist ewig; aber ich bin in Zeiten zersprungen, deren Ordnung ich nicht kenne, meine Gedanken, die innerste Innerlichkeit meiner Seele, werden in stürmischem Wechsel zerrissen, bis ich gereinigt und geläutert durch das Feuer Deiner Liebe in Dir aufgehe.“*[6]

An dieser Stelle wird erneut das Methodenproblem im Hinblick auf theologische und philosophische Fragerücksichten wichtig. Wie ist diese augustinische Textstelle zu interpretieren?

Die Abhebung des Menschen von Gott kann sich nur in einer Abhebung von absolut und endlich (nicht unendlich und end-

---

[6] *„Nunc vero ‚anni mei in gemitibus‘, et tu solacium meum, domine, pater meus aeternus es; at ego in tempora dissilui, quorum ordinem nescio, et tumultuosis varietatibus dilaniantur cogitationes meae, intima viscera animae meae, donec in te confluam purgatus et liquidus igne amoris tui.“* (29,39/16ff.)

lich!), ewig und zeitlich äußern. So sieht Augustinus sein Leben als zerrissen, in Zeiten zersprungen im Vergleich zum höchsten Sein Gottes, das von ihm als schlechthin absolutes Sein gefaßt wird. Die entscheidende Frage ist nun, welche Bedeutung diesem *donec* zukommt.

Zunächst scheint es eine temporale Angabe zu sein: bis, im Sinne von später, wenn dies oder jenes sein wird, dann ... Aber bereits hier stellt sich die Frage nach dem Verhältnis von Ewigkeit und Zeit, sofern überhaupt von einem solchen gesprochen werden kann. Denn dieses *donec* bezieht sich ja nicht auf einen später liegenden Zeitpunkt, sondern deutet auf einen Dimensionswechsel hin. Das wiederum heißt aber, daß es sich um eine systematische, nicht temporale Aussage handelt.[7]

Das hat entscheidende Konsequenzen für die Grundlegung des Menschen, da so deutlich wird, daß der Schwerpunkt nicht auf seiner Zeitbetroffenheit, sondern auf seiner Prinzipienwirklichkeit liegt. Es ist mit Recht wichtig, darauf hinzuweisen, daß dieses Hingespanntsein auf sein vorgängiges Gegenüber auch ein Ausdruck der *confessio* Augustins ist, was aber nicht zugleich als für eine philosophische Untersuchung unwesentlich abgetan werden kann. Welche systematische Bestimmung für das Verhältnis von Gott und Mensch, Grund und Gegründetem daraus folgt, zeigt sich an folgender Textstelle: „*Mein Geist brennt danach, dieses so eingefaltete Rätsel zu erkennen. Verschließe nicht, Herr, mein Gott, guter Vater, durch Christus beschwöre ich Dich, verschließe nicht meiner Sehnsucht das sowohl Alltägliche als auch Verborgene, daß sie in sie eindringt und sie Licht werden im Lichte Deiner Barmherzigkeit, Herr. Wen sollte ich darüber befragen? Und wem sinnvoller meine Unwissenheit bekennen als Dir, dem mein glühender Eifer für Deine Schriften nicht zur Last fällt? Gib, was ich liebe: Denn ich liebe, und auch das hast Du gegeben. Gib, Vater, der Du in Wahrheit ‚Deinen Kindern gute Gaben zu geben‘ weißt, gib, da ich zu erkennen begonnen habe, und ‚Mühsal vor mir steht‘ so lange, bis Du es eröffnest. Durch*

[7] vgl. dazu die Interpretation von E. Schmidt: Zeit und Geschichte bei Augustin, S. 42ff., bes. Anm. 74.

Christus beschwöre ich Dich, im Namen dieses Heiligen der Heiligen, niemand lärme mir dazwischen. Und ,Ich habe geglaubt, deshalb rede ich auch'. Das ist meine Hoffnung; daraufhin lebe ich, ,damit ich die Wonnen des Herrn schaue'."[8]

Die in dieser Textstelle deutlich werdende Rückbezogenheit des *creatum* auf den *creator*, dessen Vorgängigkeit, wird im nächsten Kapitel wesentlicher Gegenstand der Überlegungen sein. Es sei aber hier bereits auf die zentrale Bedeutung des *amo* verwiesen: Dieses hat zugleich seinen Grund und sein Telos in Gott. Bezieht sich der Mensch bewußt auf diesen, handelt er zugleich seiner eigenen Grundbestimmung gemäß, so daß die auf seinen Ursprung hin immer schon vorgängige Gerichtetheit ihre Erfüllung erfährt, wenn sie erkennend, liebend und wissend vollzogen wird: Die *intentio* wird so zur sinnerfüllten Zeit. „*Wenn die anima im antwortenden ,amo' den Ursprung zu berühren vermag, so vermag sie es nur inkraft des ursprünglichen ,amo', das je zuvor sie selbst ergriffen hat.*"[9]

2. Zeit als creatum und distentio animi

Die *intentio animi* erlangt Erfüllung durch den, der Grund der *anima* ist. Dies macht Augustinus durch seine Auslegung der Genesis 1,1ff. deutlich, in die die Zeitüberlegungen eingebettet sind. „*Laß mich hören und verstehen, wie Du ,im Anfang Himmel und*

---

[8] „*Exarsit animus meus nosse istuc inplicatissimum aenigma. Noli claudere, domine deus meus, bone pater, per Christum obsecro, noli claudere desiderio meo ista et usitata et abdita, quominus in ea penetret et dilucescant allucente misericordia tua, domine. Quem percontabor de his? Et cui fructuosius confitebor inperitiam meam nisi tibi, cui non sunt molesta studia mea flammantia vehementer in scripturas tuas? Da quod amo: amo enim, et hoc tu dedisti. Da, pater, qui vere nosti ,data bona dare filiis tuis', da, quoniam suscepi cognoscere et ,labor est ante me' donec aperias. Per Christum obsecro, in nomine eius sancti sanctorum nemo mihi obstrepat. Et ego ,credidi, propter quod et loquor'. Haec est spes mea; ad hanc vivo, ,ut contempler delectationem domini'.*" (22,28/1ff.)

[9] W. Schrader: Zu Augustins ontologischer Aporie der Zeit, S. 278.

Erde gemacht hast'."[10] Die Geschaffenheit jedwedes Seienden ist biblische Überzeugung, und Augustinus versucht, sich seiner eigenen Überzeugung einsichtig zu werden. Es wird von ihm nicht in Frage gestellt, *daß* Gott Himmel und Erde schuf, sondern er fragt vielmehr nach dem *quomodo*: wie er sie schuf. Dabei ist für ihn die Unterscheidung von *creator* und *creatum* wichtig. „*Siehe, Himmel und Erde sind da, laut rufen sie, daß sie geschaffen sind, denn sie ändern und wandeln sich.*"[11] Als Begründung für diesen Ausruf der *creata* folgt ein kausales *enim*: *mutantur atque variantur*; *facta sint* wird ausgelegt durch *mutantur* und *variantur*. Daß das *enim* kausal zu verstehen ist und damit auf eine ontologische Wirklichkeit zielt, wird durch den darauf folgenden Satz gestützt, der zugleich eine Definition dessen gibt, was Augustinus unter *creatum* versteht: „*Was aber nicht gemacht ist und dennoch ist, kann nicht etwas in sich haben, was vorher nicht war: was Wechsel und Wandel wäre.*"[12] Er bestimmt also das geschaffene Sein als das sich Wandelnde und hebt von ihm jenes Sein ab, das nicht geschaffen ist und keiner Veränderung und Wandlung unterliegt. Es handelt sich um zwei Dimensionen des Seins, die zwar verschieden, nicht aber geschieden sind. Augustinus interpretiert das Seiende vom Sein her und setzt beide somit in ein kausales, einsinniges Verhältnis: „*Du also, Herr, hast sie gemacht, der Du schön bist — denn sie sind schön; der Du gut bist — denn sie sind gut; der Du bist — denn sie sind.*"[13] Daraus folgt: Seiendes qua *creatum* kann nicht der Grund seiner selbst sein, da es selbst ein von einem außerhalb seiner selbst liegenden Grund Gegründetes ist. Augustinus differenziert dieses Verhältnis von *creator* und *creata*, indem er sagt: „*Weder sind sie so*

---

[10] „*Audiam et intellegam, quomodo ‚in principio fecisti caelum et terram'.*" (3,5/1f.)

[11] „*Ecce sunt caelum et terra, clamant, quod facta sint; muntantur enim atque variantur.*" (4,6/1)

[12] „*Quidquid autem factum non est et tamen est, non est in eo quicquam, quod ante non erat: quod est mutari atque variari.*" (4,6/3ff.)

[13] „*Tu ergo, domine, fecisti ea, qui pulcher es: pulchra sunt enim; qui bonus es: bona sunt enim; qui es: sunt enim*" (4,6/10ff.)

schön, noch so gut, noch so seiend wie Du, ihr Schöpfer, mit dem verglichen sie weder schön, noch gut, noch seiend sind."[14] Damit bestimmt er die Relation zwischen Schöpfer und Geschöpf als eine einsinnige. Der *conditor* wird als das Schöne, das Gute, das Sein schlechthin gekennzeichnet, wohingegen vom Seienden im Vergleich zu diesem nur in Form einer Defizienz gesprochen werden kann. Doch da das Verhältnis beider als ein *Gründendes-Gegründetes* bestimmt ist, muß dem Seienden ein Sein eignen, das, wenn auch in defizienter Weise, auf den *conditor* verweist: *„Was ist das, was mir aufblitzt und mein Herz erschüttert, ohne es zu verletzen? Sowohl erzittere ich, als auch entbrenne ich: erzittere, wie weit ich ihm unähnlich, entbrenne, wie weit ich ihm ähnlich bin.*"[15] Der sich in dem *in quantum* ausdrückende Komparativ ist als ein ontologischer zu fassen, der als *similis* und *dissimilis* inhaltlich bestimmt ist. Das Verhältnis von *similis* und *dissimilis* ist das einer Teilhabe. Hierin drückt sich eine *inseparabilis distinctio*, eine unscheidbare Unterschiedenheit aus. Das Seiende hat dadurch am Sein teil, weil es von ihm gegründet ist.

Da Augustinus von Gott als dem höchsten Sein, als der höchsten Wirklichkeit spricht und den Menschen als an dieser Wirklichkeit anteilhabend vorstellt, wird einsichtig, daß augustinisch nicht nur von einer Prinzipienverfaßtheit, sondern von einer Prinzipienwirklichkeit gesprochen werden kann und muß.[16]

Diese Beziehung gehört in den Problembereich der *analogia entis*[17]. Ohne diese kann Augustinus nicht verstanden werden, da sie für die sich ihm stellenden Probleme konstituierenden Cha-

---

[14] *„Nec ita pulchra sunt nec ita bona sunt nec ita sunt, sicut tu conditor eorum, quo conparato nes pulchra sunt nec bona sunt nec sunt."* (4,6/12ff.)

[15] *„Quis conprehendet? Quis enarrabit? Quid est illud, quod interlucet mihi et percutit cor meum sine laesione? Et inhorresco et inardesco: inhorresco, in quantum dissimilis ei sum, inardesco, in quantum similis ei sum."* (9,11/5ff.)

[16] Um das aber begründeterweise tun zu können, müßte der Aufweis dieser Prinzipienwirklichkeit der *anima* eigens thematisiert und durchgeführt werden, was in dem hier gesetzten Fragehorizont nicht möglich ist.

[17] Zu der komplexen Problematik sei auf das einschlägige Buch von E. Przywara S. J.: Analogia Entis, Metaphysik, München 1932 verwiesen.

rakter hat. Wichtig dabei jedoch ist, sich ihrer Voraussetzungsgebundenheit bewußt zu sein:

1.) *ens* wird immer schon als *creatum* ausgelegt.
2.) Das *creatum* wird als *imago dei* verstanden, so daß die Dinge als *vestigia* erscheinen.
3.) Der Verweis auf den Ursprung setzt diesen selbst voraus.
4.) In der Differenz beider wird eine Einheit vorausgesetzt, ohne die ein Verhältnis von *similis–dissimilis* nicht möglich ist.[18] In ihr wird die Frage nach der Identität aufgeworfen, die, wie sich zeigte, maßgebend für die gesamte Zeitproblematik ist.

Bei der Behandlung der Frage, wie Gott Himmel und Erde schuf, rückt das Wort Gottes in den Blick und damit die Abhebung der Dimension Gottes, der Ewigkeit, von der Dimension des Menschen, der Zeit. Die Zeit wird als geschaffen vorgestellt. Das bedeutet, daß Schöpfung und Zeit nicht unabhängig voneinander zu sehen sind. Wird gefragt, was Gott tat, bevor er Himmel und Erde schuf, so wird unterstellt, daß es Zeit vor der Schöpfung gab, was aber der Zeit qua Zeit widerspräche. Augustinus wendet sich daher u.a. gegen eine solche Frage mit der Antwort: *„Nein, ich sage: ‚Du, unser Gott, bist alljeglicher Schöpfung Schöpfer', und wenn unter ‚Himmel und Erde' alljegliche Schöpfung verstanden wird, so sage ich beherzt: ‚Ehvor Gott Himmel und Erde wirkte, hat er nicht irgend etwas gewirkt.' Denn was er auch gewirkt hätte, was wäre es denn anders als Geschöpf gewesen? ... Da Du also aller Zeiten Wirker bist, wie kann man, wenn also doch etwelche Zeit gewesen wäre, ehvor Du Himmel schufst und Erde — wie kann man sagen, da seiest Du des Wirkens müßig gewesen? Eben diese Zeit auch hattest doch Du erschaffen, und Zeiten konnten nicht verfließen, ehe Du Zeiten schufst. Wenn aber vor Himmel und Erde überhaupt nicht war, was soll dann die Frage, was Du ‚damals' tatest? Es gab kein ‚Damals', wo es Zeit nicht gab. Nein, Du gehst den Zeiten nicht in Zeit voraus; sonst*

[18] siehe dazu auch die Ausführungen von Karen Gloy: Die Struktur der Augustinischen Zeittheorie, S. 75ff., die auf die Problematik dieses Ansatzes verweist.

gingest Du ja nicht all und jeder Zeit voraus. Sondern Du gehst allen vergangenen Zeiten voraus durch die zeitlose Erhabenheit stets gegenwärtiger Ewigkeit ..."[19]

Mit dieser verneinenden Antwort auf die Frage nach Zeit vor der Schöpfung begibt sich Augustinus in eine schwierige Situation: Er muß erklären, wie Gott etwas ihm nicht Ebenbürtiges schaffen kann. Wollte man den Versuch unternehmen, diese Frage in einer philosophischen Terminologie anzusetzen, so könnte möglicherweise wie folgt formuliert werden: Kann von einem Absolutum ausgesagt werden, daß es Schöpfer ist, ohne diesen Begriff des Absolutum unterderhand zu unterlaufen? Ein Absolutum kann weder vermehrt noch vermindert werden. Unter dieser Rücksicht folgt für eine Schöpfung, daß das entstandene Abhängigkeitsverhältnis einseitiger Natur sein muß, da die Schöpfung als Wirkung ihrem Begriffe nach nicht die Ursache ihrer selbst sein kann. Systematisch gesehen ist die Ursache das *vor* der Wirkung Gelegene. Das bedeutet für das Verhältnis von Schöpfer und Geschöpf, daß es sich um eine unumkehrbare Relation handelt. Um aber kein Zeitverhältnis in den Schöpfungsakt zu bringen, hieße das, daß dieses einseitige Abhängigkeitsverhältnis, diese einsinnige *relatio*, schon immer mit gesetzt sein müßte.

Daß Augustinus jedoch dem Gedanken einer immer schon mitgesetzten Schöpfung nicht zustimmt, geht aus folgendem Zitat hervor, in dem er sich gegen diese Vorstellung wendet: „,... war

[19] *„Sed dico te, deus noster, omnis creaturae creatorem et, si ,caeli et terrae' nomine omnis creatura intellegitur, audenter dico: ,Antequam faceret deus caelum et terram, non faciebat aliquid.' Si enim faciebat, quid nisi creaturam faciebat? Et utinam sic sciam, quicquid utiliter scire cupio, quemadmodum scio, quod nulla fiebat creatura, antequam fieret ulla creatura ... Cum ergo sis operator omnium temporum, si fuit aliquod tempus, antequam faceres caelum et terram, cur dicitur, quod ab opere cessabas? Id ipsum enim tempus tu feceras, nec praeterire potuerunt tempora, antequam faceres tempora. Si autem ante caelum et terram nullum erat tempus, cur quaeritur, quid ,tunc' faciebas? Non enim erat ,tunc', ubi non erat tempus. Nec tu tempore tempora praecedis: alioquin non omnia tempora praecederes. Sed praecedis omnia praeterita celsitudine semper praesentis aeternitatis ...*" (12,14/11ff.; 13,15/14ff.; 13,16/1ff.)

aber der Wille Gottes, daß es Schöpfung gebe, immerseiender Wille, warum sollte dann nicht gleichso immerseiend auch die Schöpfung sein?' Die so sprechen, verstehen Dich noch nicht ... Wer hält es auf, wer stellt es still, daß es für ein Weilchen Stand fasse, für ein Weilchen sich erhasche vom Glanz der immer in sich stehenden Ewigkeit und ihn vergleiche mit den niemals stehenden Zeiten und also sähe, wie da nichts zu vergleichen ist?"[20] Das Problem bleibt ungelöst.

Aber noch eine weitere eng mit dem Vorausgegangenen zusammenhängende Frage drängt sich auf: Wie kann erklärt werden, daß die Schöpfung ein nicht schlechthinniges Absolutum ist, ohne wiederum den Begriff eines Absolutum zu unterlaufen? Wäre es möglich, das Problem so anzusetzen, daß die Negativität jedwedes Seienden nicht in der Ermangelung ihrer Möglichkeit überhaupt zu sehen ist, sondern in ihrem Gegründetsein, d.h., nicht Ursache ihrer selbst zu sein? Das Seiende kann das Absolutum weder vermehren noch vermindern. Schafft so das Absolutum unbeschadet von der Schöpfung dieselbe, dann müßte aufgrund des Schaffens dem Geschaffenen ein minderer Seinsrang zukommen. Das würde bedeuten, daß das Geschaffene seinem Prinzip nach auch absoluter Natur sein müßte, aber aufgrund der endlichen Bedingungen, der Negativitätsbetroffenheit, ein Absolutum anderer Art. So drückt sich die Defizienz des Seienden darin aus, sich einsichtig werden zu müssen, nicht sich immer schon einsichtig zu sein. Darin liegt bereits der Gedanke des Nacheinander, der Zeit.

Die Andeutung eines so kardinalen Problems läßt erneut die großen Schwierigkeiten philosophischer und theologischer Methodik erkennen. Im Rahmen dieser Arbeit muß es bei dem gegebenen Problemverweis bleiben.

---

[20] *„,Si autem dei voluntas sempiterna erat, ut esset creatura, cur non sempiterna et creatura?'Qui haec dicunt, nondum te intellegunt ... Quis tenebit illud et figet illud, ut paululum stet et paululum rapiat splendorem semper stantis aeternitatis et conparet cum temporibus numquam stantibus et videat esse inconparabilem ..."* (10,12/17ff.; 11,13/1; 11,13/8ff.)

Welche Konsequenzen ergeben sich nun für die Erörterung der Zeit, wenn Augustinus sie als *creatum* ansetzt? *„Also gab es nie Zeit, in der Du müßig noch nichts geschaffen hattest, denn die Zeit selber hast Du geschaffen. Und es gibt keine Zeit, die mit Dir mit-ewig wäre, denn Du verharrst; aber verharrten so die Zeiten, es wären nicht Zeiten.“*[21]

An die obigen Aussagen Augustins möchte ich folgende Fragen und Überlegungen anschließen: Kann ein ewiger Gott Zeit schaffen? Wäre dieses Problem dem bereits dargestellten von Schöpfer und Schöpfung ähnlich, indem zu fragen wäre, ob Ewigkeit, wenn sie Zeit aus sich entläßt, nicht Zeit als etwas völlig anderes, sondern als endliche Ewigkeit aus sich *heraussetzt*?[22] Ein Erklärungsversuch, der einerseits die Endlichkeit der Zeit zum Ausdruck bringen würde und andererseits einsichtig machen könnte, daß die ewige Wahrheit in Zeit als Kairos aufleuchten kann. Augustinus macht aber neben der Zeit als *creatum* auch eindeutig klar, daß Ewigkeit und Zeit nicht zu vergleichen sind. Auch hier benennt er das Problem, bietet aber keine Lösung an.

Wenn Zeit von der Ewigkeit abgesetzt wird, muß sie einen Anfang haben, der selbst nicht zeitlich sein kann, denn wäre dies der Fall, würde Gott Temporalität unterstellt und damit eine *contradictio in adjecto* vorliegen.

Zeit qua *creatum* kann nicht Grund ihrer selbst sein. Ist sie aber ein *creatum* wie alle anderen *creata*? Wenn dies zuträfe, müßte sich ein Sein aufweisen lassen. Jedoch dieser Versuch scheitert. Wenn Zeit kein *creatum* wie andere *creata* ist, wie ist sie dann aber zu fassen?

---

[21] *„Nullo ergo tempore non feceras aliquid, quia ipsum tempus tu feceras. Et nulla tempora tibi coaeterna sunt, quia tu permanes; at illa si permanerent, non essent tempora.“* (14,17/1ff.)

[22] Mit diesem Begriff des Heraussetzens ist nicht gemeint, daß das Absolutum Zeit ‚in sich‘ trägt, die von ihm entlassen wird. Damit würde ein Moment von Negativität in das Absolutum hineingetragen, was diesem als Begriff widerspräche. Gemeint ist an dieser Stelle ein Begriff wie der des Schaffens, wobei die prinzipielle Problematik eines Absolutum im Verhältnis zu einem Nicht-Absolutum nicht eliminierbar ist.

Im 22. Kapitel spricht Augustinus nicht von *facere*, sondern von *ponere*: „ ‚*Siehe, Du hast meine Tage gesetzt, daß sie altern*', *und sie gehen vorüber, aber wie, das weiß ich nicht.*"[23] Da *ponere* nicht nur mit *setzen*, sondern auch mit *bestimmen* übersetzt werden kann, könnte hierin eine Unterscheidung des göttlichen *facere* und *ponere* im Hinblick auf den Schöpfungsakt jedweder *creata* gesehen werden. Daraus würde folgen, daß Zeit auf andere Weise *geworden* ist als alle anderen *creata*.

Da, wie sich zeigte, Zeit kein *creatum* wie andere *creata* ist, wäre es denkbar, daß sie aufgrund der Zeitlichkeit der *anima* „*mittelbar*" ebenfalls als ein *creatum* in doppelter Rücksicht gefaßt werden kann: unter Rücksicht der Geschaffenheit der *anima* selbst und unter Rücksicht der *anima*, die Zeit durch ihre *distentio* ständig neu schafft. Bei diesem Interpretationsversuch würde das Ergebnis „Zeit als *distentio animi*" zu fassen, nicht dem soeben dargestellten Verständnis der Formel „Zeit als *creatum*" entgegenstehen.

Diese Überlegungen stellen aber einen Interpretationsversuch dar, der dem augustinischen Denken zuwiderläuft. Denn dies gründet vielmehr, so sehr es auch das Problem philosophisch konturiert, auf theologischen Voraussetzungen und dem Bemühen, sich diese einsichtig zu machen. So ergibt sich die Frage, ob Augustinus das Nebeneinander von Zeit als *distentio animi* und *creatum* überhaupt in die Sicht bekommt. Einerseits läßt er sich nämlich vom biblischen Schöpfungsbericht leiten, andererseits ist es fraglich, ob er damit eine unabhängig von der *anima* bestehende Zeit retten wollte. Denn daraus ergibt sich die entscheidende Frage: Ist, wenn die Zeit als *distentio animi* bestimmt wird, außerhalb der *anima* noch Zeit oder nicht? Eine weitere Diskrepanz bei der Betrachtung von Zeit liegt in ihrer Bestimmung als *creatum* einerseits und der durchlaufenden Rede von *den Zeiten* andererseits. Denn gäbe es viele unterschiedliche Zeiten (*creata*), widerspräche das erstens der Frage Augustins nach der Zeit, die sich als *eine* zeigt: „*Ich möchte die Bedeutung und das Wesen der*

[23] „ ‚*Ecce veteres posuisti dies meos*' *et transeunt, et quomodo, nescio.*" (22,28/18ff.)

Zeit erkennen ..."[24]; zweitens seiner eigenen Erkenntnis bezüglich des ***praesens de praeteritis, praesens de praesentibus, praesens de futuris***, d.h. der ***distentio animi***; und drittens der Rede von Zeitlichkeit als Merkmal jedwedes Seienden überhaupt.

Einschränkend müßte man sagen: Für einen menschlichen Geist, der kraft seines Prinzips erkennt, kann es nur *eine* Zeit geben (Gegenwärtigkeit der *anima humana*), und das, was allgemein als diese oder jene Zeiten angesprochen wird, sind nicht verschiedene Zeiten nebeneinander, sondern verschiedene Maßeinheiten. Es gibt folglich nicht *die* Gegenwart, *die* Vergangenheit und *die* Zukunft, vielmehr stehen die Tempi-Bezeichnungen immer nur in bezug zu dem jeweils Denkenden und sind somit für ihn *seine* Gegenwart, *seine* Vergangenheit und *seine* Zukunft.

Ließe man das *creatum* Zeit unvermittelt zur *distentio animi* stehen, so lägen zwei Bestimmungen von Zeit vor. Zeit als *creatum* verstanden, würde eine objektiv reale Zeit intendieren, abgesehen davon, was sich aus dem Plural „Zeiten" ergäbe. Allerdings stellt sich dann die Frage, ob man von einer objektiv realen Zeit sagen kann, es sei etwas *in* ihr. Diese Frage zielt auf die Rede von „etwas ist in der Zeit". Welche Voraussetzungen müßten für einen solchen Ansatz gegeben sein?

Wird von einem *creatum* gesprochen, so wird damit zugleich ein Sein vorausgesetzt. Das bedeutet, daß die Rede, „etwas sei in diesem *creatum*" entweder aussagt, daß dieses Etwas zu der *Bestimmung* dieses *creatum* gehört, oder daß es *an* ihm ist, nicht aber *in* ihm.

Da das Sein der Zeit nicht eruiert werden kann, muß es sich um eine andere Dimension als die eines seienden *creatum* handeln. Zeit quà Zeitlichkeit ist ein Bestimmungsmoment jedwedes Seienden, kann also nicht von einem anderen unabhängiges Seiendes sein.

Zeit als seiendes *creatum* und Zeit als *distentio animi* schließen sich aus. In dem bisher Dargestellten wurde versucht, das *creatum* als *„mittelbar"* auszulegen.

---

[24] *„Ego scire cupio vim naturamque temporis ...“* (23,30/1)

Nun stellt sich ferner die Frage, ob möglicherweise die *distentio animi* vom *creatum* her zu interpretieren ist. Das dürfte wohl kaum möglich sein, denn dann müßte die Frage nach der Vermittlung von der *anima*-unabhängigen Zeit und der *anima* selbst erklärt werden können. Das aber tut Augustinus nicht. Das Fazit wäre demnach, daß, wenn man überhaupt an dem Gedanken der Zeit als *creatum* festhalten will und den augustinischen Implikationen des Textes auf die Spur zu kommen sucht, das m.E. nur unter der Rücksicht der Geschaffenheit der *anima* einerseits und unter der Rücksicht der durch die *distentio animi* immer wieder neu geschaffenen Zeit andererseits möglich ist.[25] „*Damit aber tritt Zeit als gesetzte, als je mir gesetzte Zeit, aus ihrer Unbestimmtheit hervor. Denn ist sie je mir gesetzt, je ‚meine' Zeit, so beginnt sie mit mir und endet mit mir, wenn sie erfüllt ist. Aus sich selbst ist Zeit nichts.*"[26]

Es bleibt die Frage bestehen, ob sich Augustinus der Diskrepanz der beiden Zeit-Bestimmungen bewußt war.[27] Sollte dies der Fall sein, so bliebe weiter offen, warum er die Konsequenz nicht zog, die Bestimmung der Zeit als *creatum* — verstanden als *creatum* unter *creata* — aufzuheben und warum er dann nicht seinen Überlegungen gemäß das XI. Buch beschließt. Stellt man jedoch diese Fragen in der erfolgten Weise, so läuft man Gefahr, die Interpretationsrichtung zu verkehren. Den Zeitüberlegungen haften nicht zufälligerweise Gedanken der Genesisauslegung an, sondern sie erfahren für Augustinus in ihrer Einbettung in den Schöpfungsgedanken allererst ihren Grund.

Bei den ausgeführten Überlegungen ging es mir darum, auf das Problem einer Zeit als *creatum* aufmerksam zu machen, nicht aber bestand die Absicht, bereits Lösungen anzubieten. Denn ließe man Zeit als *creatum* und *distentio animi* unvermittelt ne-

---

[25] An dieser Stelle muß das Schaffen des *animus*, der *anima* abgehoben werden von dem göttlichen *creare*.

[26] W. Schrader: Zu Augustins ontologischer Aporie der Zeit, S. 279.

[27] vgl. dazu H.-J. Kaiser: Zeit und ‚Memoria', S. 26: „*Die Existenz der Zeit unabhängig von der Perzeption durch den Menschen wird jedoch von Augustin niemals in Frage gestellt.*"

beneinander stehen, wäre zu fragen, ob man dann nicht in ein ähnliches Problem geriete wie bei der Temporalisierung eines höchsten Ist bzw. dem Problem einer *materia informis.* Die Gefahr, die entsteht, wenn Zeit außerhalb des Subjektes bestimmt wird, ist wohl darin zu sehen, daß sie als Gegenprinzip im weltlichen Sein zur *anima* verhandelt werden könnte. Das käme der Problemstellung von absolutem Sein und einer *materia informis*, einer ὕλη gleich. So wäre die Zeit als Vernichtung der *anima* ein Gegenprinzip. Träfe das zu, läge ein klassischer Dualismus vor.

Wenn es also keine objektive Zeit im Sinne einer von der *anima* unabhängig bestehenden Zeit geben sollte, so hieße das nicht, daß die *creata* nicht zeitlich bestimmt wären. Genaugenommen ginge es dann nicht um Zeit, sondern um Zeitlichkeit, die Bestimmung jedwedes Weltseins ist.

3. Das Verhältnis von Ewigkeit und Zeit

Bei der Bestimmung des Verhältnisses von Ewigkeit und Zeit, sofern überhaupt von einem solchen gesprochen werden kann, zeigen sich bei Augustinus zwei verschiedene Ansätze: Einerseits stellt er Ewigkeit und Zeit als in einer Verbindung bestehend vor, andererseits scheint es, als ob beide voneinander völlig geschieden seien.

Der erste Ansatz ist in der Genesisauslegung begründet: Schöpfung und Zeit können nicht als voneinander geschieden angesehen werden, sofern Zeit als geschaffen vorgestellt wird. Sie erscheint Augustinus zunächst als *creatum* wie alle anderen *creata.* Auf die in diesem Zusammenhang auftretenden wesentlichen Schwierigkeiten wurde bereits eingegangen. Für die jetzt in Ansatz zu bringende Problematik muß die Frage wie folgt formuliert werden: Kann überhaupt gedacht werden, daß Gott, zu dessen Wesen gehört, ewig zu sein, Zeit aus sich entläßt?

Entspricht das Verhältnis von Ewigkeit und Zeit dem von Schöpfer und Geschöpf, Grund und Gegründetem? Die Frage nach der Dimension beider „Relata“ gibt darüber eine erste Auskunft: Ewigkeit ist die Dimension Gottes, Zeit die des Menschen: „*Deine Jahre sind ein einziger Tag und Dein Tag ist nicht ein Tag um Tag, sondern ein Heute, weil Dein heutiger Tag nicht einem morgigen weicht, wie er auch nicht einem Gestern folgt. Dein Heute ist Ewigkeit ...*"[28]

Ist die Rede von der Dimension Gottes und der des Menschen, so geht es dabei nicht um einen Raum, innerhalb dessen Gott oder der Mensch ist. Die Dimension ist nicht etwas Räumliches oder etwas, das Gott oder dem Menschen anhaftet, sondern sie ist jeweils Bestimmungsmoment Gottes bzw. des Menschen. Gott ist nicht in einer Ewigkeit, die ihn umgibt, sondern Gott ist ewig, er ist Ewigkeit. Entsprechendes muß für den Menschen gesagt werden: Er steht nicht in der Zeit, als eine, die außerhalb seiner selbst ist, sondern er ist zeitlich. Insofern werden bei der Entsprechung von Schöpfer und Geschöpf, Ewigkeit und Zeitlichkeit als Bestimmungsmomente von beiden anzusetzen sein.

Wie das Verhältnis von Ewigkeit und Zeit näher zu bestimmen sein wird, ist damit noch nicht geklärt. Deutlich aber ist, daß es sich hier nicht um einen quantitativen, sondern um einen qualitativen Unterschied handelt.

Daher ist die Frage, ob Ewigkeit als unendliche Zeit gefaßt werden könne, in zweifacher Hinsicht zu verneinen: Wäre sie nämlich unendliche Zeit, dann müßte sie erstens als eine unendliche Reihe von vergehenden Zeitabschnitten vorgestellt werden, und zweitens als eine in sich stehende Zeit charakterisiert sein, als *nunc stans*, was aber dem augustinischen Zeitverständnis, das durch ein *tendit non esse* bestimmt ist, zuwiderläuft.[29]

Es stellt sich die umgekehrte Frage: Kann Zeit als endliche Ewigkeit angesetzt werden? Es wäre durchaus möglich, Zeit als *vestigium aeternitatis* zu interpretieren, so wie Augustinus es zwar nicht im XI. Buch der Confessiones, aber an anderer Stelle

---

[28] „*‚Anni tui dies unus', et dies tuus non ‚cotidie', sed ‚hodie', quia hodiernus tuus non cedit crastino; neque enim succedit hesterno. Hodiernus tuus aeternitas ...*" (13,16/12ff.)

[29] An diesem Punkt wird die Problematik der augustinischen Auseinandersetzung mit der antiken Chronoslehre entscheidend.

ausspricht.[30] Doch wie wäre dann das Verhältnis beider zu bestimmen? Wäre Zeit nicht von Ewigkeit unterfangen, wenn sie in ihr gründete? Wenn Zeit von Ewigkeit durchgriffen wäre, würde sich damit eine Möglichkeit eröffnen, den Kairos, den Augenblick, zu erklären. Zeit würde somit nicht als völlig andere, sondern als endliche Ewigkeit verstanden. Das hieße letztlich aber, daß Augustinus Zeit aus der Ewigkeit deduziert. So sieht es beispielsweise Hansgeorg Bachschmidt, wenn er sagt: Augustinus behandelt „*... das Problem stets von dem ontologischen Hintergrunde der Ewigkeit Gottes her, die für ihn der ruhende Pol ist, auf den alles bezogen werden muß. So beantwortet er dann auch die metaphysische Frage: ‚Wie ist Zeit möglich?‘ nur im Lichte dieser Grundkonzeption und versucht, das Wesen der Zeit aus dem der Ewigkeit zu deduzieren.*“[31]

Dieser Ansatz ist m.E. problematisch, da mehrere Einwände gegen ihn erhoben werden müssen: Zum einen ist fraglich, ob mit dieser Überlegung der Begriff einer Ewigkeit nicht unterlaufen wird. Zum anderen sei an das Problem einer immer schon mitgesetzten Schöpfung im vorherigen Kapitel erinnert. Somit wird entweder der Begriff eines Absolutum unterlaufen oder aber dem augustinischen Verständnis von Schöpfung, Ewigkeit und Zeit nicht Rechnung getragen.

Dem Gedanken der Zeit als endlicher Ewigkeit würde ferner ein weiterer augustinischer Ansatz widersprechen: die Unvergleichbarkeit, Inkomparabilität, von Ewigkeit und Zeit. Dieser Ansatz ist es, der der Deduktion der Zeit aus der Ewigkeit am stärksten entgegensteht. „*Wer hält es auf, wer stellt es still, daß es für ein Weilchen Stand fasse, für ein Weilchen sich erhasche vom Glanz der immer in sich stehenden Zeiten und also sähe, wie da nichts zu vergleichen ist? Er müßte sehen, daß auch eine lange Zeit nur aus vielen vorübergehenden Bewegungen, die sich*

[30] De genesis ad litteram imperfectus liber 13,38.

[31] Hansgeorg Bachschmidt: Der Zeitbegriff bei Augustinus und die Orientierung eines modernen Zeitbegriffs an seinen Gedanken. In: Philosophisches Jahrbuch 60, 1950, S. 438ff., S. 438.

nicht zugleich ausdehnen können, zur langen Zeit wird, daß aber im Ewigen nicht irgend etwas vorübergeht, vielmehr das Ganze gegenwärtig ist, während es doch keinerweise Zeit gibt, die als ganze gegenwärtig wäre."[32]

Diesen Gedanken der Inkomparabilität führt Augustinus im vorletzten Kapitel des XI. Buches noch weiter, indem er sagt: Sie, die Leute, sollen erkennen, „*... daß Du vor allen Zeiten der ewige Schöpfer aller Zeiten bist und daß keine Zeit und kein Geschöpf mit Dir mit-ewig ist ...*"[33] Diese Stelle treibt die Vorstellung der völligen Geschiedenheit von Zeit und Ewigkeit auf die Spitze. Unter der Rücksicht der Zeit als *creatum* entspricht sie keineswegs dem Verhältnis von Geschöpf und Schöpfer, das Augustinus immer wieder neu als Teilhabe-Verhältnis bestimmt. So liegt die Problematik in dem zweifachen Ansatz der Zeitbestimmung. Einerseits wird Zeit als Geschöpf gesehen, andererseits als nicht Anteil habend an der Ewigkeit. Somit ist es immer wieder die Bestimmung der Zeit als *creatum*, die Augustinus in große Schwierigkeiten bringt.

Bisher ist jedoch in diesem Zusammenhang die Bestimmung der Zeit als *distentio animi* vernachlässigt worden. Wenn Zeit nur als reflektierte ist, wie müßte dann ihr Verhältnis zur Ewigkeit angesetzt werden?

In Abhebung von Zeit als *creatum* ist Zeit als *distentio animi* in einer Prinzipiendimension zu verhandeln. Bei den dazu erfolgten Überlegungen zeigte sich, daß dann nicht mehr primär die Frage nach der Zeit als reflektierter, sondern die nach der Zeitlichkeit im Vordergrund steht. Demnach müßte das Verhältnis

---

[32] „*Quis tenebit illud et figet illud, ut paululum stet et paululum rapiat splendorem semper stantis aeternitatis et conparet cum temporibus numquam stantibus et videat esse inconparabilem et videat longum tempus nisi ex multis praetereuntibus motibus, qui simul extendi non possunt, longum non fieri; non autem praeterire quicquam in aeterno, sed totum esse praesens; nullum vero tempus totum esse praesens.*" (11,13/8ff.; siehe ferner 14,17/2ff.)

[33] „*... et intellegant te ante omnia tempora aeternum creatorem omnium temporum neque ulla tempora tibi esse coaeterna nec ullam creaturam ...*" (30,40/15ff.)

von Ewigkeit und Zeit als Verhältnis von Ewigkeit und Zeitlichkeit angesetzt werden. Das allerdings stellt uns vor eine neue Problemlage.

Die *distentio animi* ist unter der Rücksicht ihrer Gegründetheit in der *anima* in einer Prinzipiendimension zu verhandeln. Daraus ergibt sich, daß das Verhältnis von Ewigkeit und Zeitlichkeit ebenso in einer Prinzipiendimension anzusetzen ist. Unter dieser Rücksicht ergäbe sich ein einsinniges Verhältnis, das keiner absoluten Inkomparabilität gleichen würde. Das aber würde gerade nicht bedeuten, daß Zeitlichkeit aus der Ewigkeit deduziert wird, sondern daß durch den erweiterten Problemansatz von Zeit als *distentio animi* einsichtig wird, daß Zeitlichkeit und damit Zeit durch die *anima*, die Subjektivität des Menschen begriffen werden muß.

So stellt sich die Frage: Könnte die Zeitenthobenheit der *anima* als ein Moment von Ewigkeit angesehen werden, da es in der Prinzipiendimension kein Moment von Veränderung geben darf, was ansonsten dem Begriff eines Prinzips widersprechen würde? Diese Frage muß im Zusammenhang mit dem Kairos nochmals gestellt werden.

Es zeigt sich erneut, daß Augustinus verschiedene Problemansätze, die sich zum Teil gegenseitig ausschließen, nebeneinander stehen läßt und daraus nicht die in seinen Ansätzen implizierten Konsequenzen zieht. Aber ungeachtet der Problematik der augustinischen Ansätze weisen sie doch eine Gemeinsamkeit auf: die Einsinnigkeit und Einmaligkeit des Zeitverlaufes. Diese sind in besonderer Weise von dem augustinischen Schöpfungsverständnis abhängig. Durch die Schöpfung wird etwas Einmaliges, völlig Neues geschaffen. Diese Einmaligkeit jedwedes Seins durchbricht den Kreislauf der ewigen Wiederkehr alles Gleichen. Mit dieser antiken Vorstellung muß sich Augustinus in seiner Zeiterörterung auseinandersetzen. Dies tut er vornehmlich in den Kapiteln 23,29 – 24,31. Es geht an dieser Stelle nicht darum, eine eingehende Interpretation dieser Auseinandersetzung zu geben, da diese eine Einbeziehung der antiken Zeitlehren voraussetzen würde und das umfassend nur in einem umfangreicheren Fragehorizont bearbeitet werden kann. Vielmehr muß es bei einigen Bemerkungen belassen werden.

Augustinus setzt der antiken Zeitvorstellung des *nunc stans* in scharfer Weise seine Zeitauffassung als *tendit non esse* entgegen. „*War das unauflösliche* ἅμα *von Welt und Zeit das Anliegen der Antike, so ist das Anliegen Augustins das* aliud-aliud *von Welt und Zeit und das unauflösliche* ἅμα *von Zeit und Ich.*“[34] Brunner sieht durch das eschatologische Futurum den antiken Cyklos gesprengt. „*Der eine verweilende schöne Augenblick des* nunc stans *war schon in der Antike selbst durch die Reflexion zerborsten in die vielen einzelnen Jetztpunkte der zur unendlichen Linie gestreckten Kronoszeit. Dieselbe Reflexion hatte aber den Kronos wieder umgebogen zum Cyklos, zum ewigen Kreislauf aller Dinge. Der Cyklos ist auf einer neuen Ebene ein neuer Versuch der gleichen Immanentisierung der Ewigkeit, wie ihn schon das antike* nunc stans *versucht hatte, doch so, daß jetzt der Kronos in den Cyklos mit hineingenommen, aber durch die Wiederholung des immer Gleichen trotz des in ihm ständig sich vollziehenden Wechsels aus dem Gegenbild des Ewigen zu seinem Abbild umgewandelt ist.*“[35] An die Stelle des sich immer neu Wiederholenden setzt Augustinus einen Anfangs- und Endpunkt der Welt und des Menschen. Der Anfangspunkt gründet in der Schöpfung, und der Endpunkt ist der Tod. Beide gewinnen in der christlichen Überzeugung ihre spezifische Bedeutung. Sie liegen bei Gott, von dem der Mensch kommt und zu dem er wieder zurückkehrt. Die Zeit, in der er von Gott getrennt ist, entspricht nicht dem Urzustand. So lebt er auf den hin, der Ziel und Grund seiner selbst ist. Von diesem Telos her gewinnt die Zeit ihre Erfüllung, wenn sie nicht als *distentio*, im Sinne von Zerrissenheit, sondern in der Bedeutung von ‚sich liebend nach dem ausstrecken‘, der Ziel und Grund ist, als *intentio* angesetzt wird. Die Hoffnung gründet in

[34] Peter Brunner: Zur Auseinandersetzung zwischen antikem und christlichem Zeit- und Geschichtsverständnis bei Augustin. In: Zeitschrift für Theologie und Kirche, N.F. 14, 1933, S. 1ff., S. 12.

[35] P. Brunner: Zur Auseinandersetzung zwischen antikem und christlichem Zeit- und Geschichtsverständnis, S. 16.

dem Mittler Christus. *„Das ist meine Hoffnung, auf sie hin lebe ich, ‚daß ich die Wonnen des Herrn schaue'."*[36]

Hoffnung hat nur ihren Sinn, wenn der zu erhoffende Zustand noch nicht gegeben ist. Die Zukunft erhält nun eine besondere Dignität, da die Hoffnung des Glaubenden auf den Zustand gerichtet ist, in dem er bei Gott sein wird. Es ist aber zwischen der Zukunft, in der Künftiges, was jetzt noch nicht ist, sein wird, sprich der Zukunft als Zeitmodus, und dem eschatologischen Futurum zu unterscheiden. Denn dieses Letztere hat eine andere Qualität. Diese Unterscheidung ist insofern von Bedeutung, da in der Hoffnung eine Hoffnung auf Zukünftiges ausgedrückt wird, was aber qualitativ etwas völlig anderes ist als Zukunft; es ist Ewigkeit. Diese Problemlage impliziert die Gefahr, Ewigkeit und Zukunft unterderhand zu verschleifen. D.h., Ewigkeit ist ihrem Begriffe nach nicht in Zukunft, sondern sie ist immer, jetzt, heute.[37]

Wenn Ewigkeit immer ist — und sie muß immer sein, sonst wäre sie nicht Ewigkeit — tritt folgendes Problem in den Blick: Kann außerhalb des *totum* Ewigkeit Zeit überhaupt noch *sein*? Nach den bisherigen Erörterungen muß die Frage umformuliert werden: Kann Zeit als eine völlig von der Ewigkeit geschiedene überhaupt angesetzt werden, oder muß die Frage nach der Zeit unter der Rücksicht der *distentio animi* in die Frage nach der Zeitlichkeit zurückgenommen werden?

Die immerseiende Gegenwärtigkeit der Ewigkeit tritt durch den Kairos in Erscheinung. In ihm kommt Wahrheit, Ewiges zum Ausdruck. Es ist der Augenblick, in dem der endliche Mensch Ewigem begegnet. Wenn der Kairos die „Verbindung" zwischen

---

[36] *„Haec est spes mea; ad hanc vivo, ‚ut contempler delectationem domini'."* (22,28/17f.)

[37] In diesem Zusammenhang wird die Interpretation des *donec* wichtig. Der ersehnte Zustand liegt nicht in der Zukunft, wird nicht künftig sein, sondern gehört einer anderen Dimension an. Diese Dimension der Ewigkeit kann aber nur in der Gegenwart, nicht aber in der Zukunft, als Kairos in Erscheinung treten. So gewinnt die Gegenwart eine besondere Stellung. *„Der ontologische Kairos ist das Ereignis des großen* hodie." (Rudolph Berlinger: Zeit und Zeitlichkeit bei Aurelius Augustinus. In: Zeitschrift für Philosophische Forschung 7, 1953, S. 493ff.; S. 507.

Ewigem und Endlichem ist, so steht er vertikal zum horizontalen Zeitverlauf. In ihm wird die Endlichkeit aufgehoben. „*Der Kairos wird zum* ‚momentum intelligentiae‘, *zum Augenblick, da die ewige Mittagshelle der Weisheit (semper meridies) aufleuchtet. Vor dieser ist keine Zeit, doch ist vor ihr die Ewigkeit des Schöpfers, von dem sie ihren Ursprung (exodium) nahm, wenn auch keinen Ursprung in der Zeit, so ist dieser doch die Bedingung ihres Seins. Das exordium meint hier die metaphysische Priorität des Ursprungs, der Bedingung und Grund des Seienden ist.*“[38]

Der Interpretationszusammenhang von Zeit und Ewigkeit ist also nicht von der Vergangenheit her über die Gegenwart hin zur Zukunft und zu der dann „kommenden“ Ewigkeit zu lesen. Denn erstens ist die Interpretationsrichtung umzukehren, d.h. es muß von der Ewigkeit her interpretiert werden, die nicht zeitlich, sondern systematisch der Zukunft vorgängig ist. Und zweitens erhält für Augustinus Zeit erst ihre inhaltliche Bestimmung durch die Ewigkeit, dem *Magnum Est*, zu dessen Bestimmung es gehört, ewig zu sein.

Daran knüpft sich das Problem der Geschichte an. Wie ist diese von Augustinus her zu bestimmen, und in welchem Verhältnis steht sie zu dem Proprium des christlichen Glaubens, zur Heilsgeschichte? Das Problem der Geschichte wird von Augustinus im XI. Buch der Confessiones nicht eigens thematisiert. Soll der Frage nach dem Verhältnis von Zeit und Geschichte nachgegangen werden, kann man sich nicht nur auf die Confessiones beschränken. Daher muß in diesem Zusammenhang der Problemverweis genügen. Die einzige Stelle im XI. Buch, die darauf verweist, ist die, in der Augustinus am Beispiel eines Liedes die Tätigkeit der *distentio animi* aufzuzeigen versucht: „*Und was in dem ganzen Lied geschieht, das geschieht auch in seinen Teilen und in*

---

[38] R. Berlinger: Augustins dialogische Metaphysik, S. 52.
Worin der Grund der Möglichkeit des Kairos überhaupt zu sehen ist, hängt unmittelbar mit der Analogia-entis-Lehre zusammen. In der *sapientia* ist alles erschaffen (9,11). „*Der Kairos wird durch die Berührung der ewigen Weisheit zum ordo temporis.*“ (R. Berlinger: Augustins dialogische Metaphysik, S. 52).

seinen Silben, ebenfalls in einer längeren Handlung, von der das Lied vielleicht nur ein Teilchen ist, dasselbe im ganzen Leben des Menschen, dessen Teile Handlungen aller Menschen sind, dasselbe mit dem ganzen Zeitalter des Menschengeschlechts, dessen Teile alle Menschenleben sind"[39]

An diese Textstelle anknüpfend seien folgende Überlegungen gestellt: Die Voraussetzung für die Analogiebildung von Lied – Mensch – Menschengeschlecht muß auf ihre Stimmigkeit hin überprüft werden: Das Satzsubjekt des ersten Teiles dieses Beispieles ist die *anima*. Sie erstreckt sich auf das Ganze des Liedes, und Vergangenheit und Zukunft werden durch sie in der Gegenwart gehalten. Sobald aber Augustinus diese Vorstellung auf das Leben aller Menschen überträgt, hat sich das Satzsubjekt unterderhand verschoben. Es ist nämlich nicht mehr die *anima*, die diesen Zusammenhang leistet, sondern es ist ein Standpunkt, der außerhalb der *anima* von Augustinus angenommen wird, der die Einzelleben in einen übergeordneten Zusammenhang stellt. Augustinus verläßt an dieser Stelle seine durch die *anima* bestimmte Argumentationslinie und knüpft direkt an den christlichen Glaubensinhalt an. Er setzt eine Ganzheit voraus, die ihren Sinnzusammenhang erst durch die Heilsgeschichte erfährt. Diese aber besitzt nur für den Gültigkeit, der diesem Theologumenon folgt.

Eine weitere Frage stellt sich im Hinblick auf eine subjektunabhängige Zeit. Kann Augustinus eine solche aufgrund seiner Ansätze erklären bzw. aufweisen? M.E. ist diese Frage, sofern sie ihren Ausgang von der *distentio animi* nimmt, nicht ohne weiteres erklärbar. Geht man aber von der Zeit als *creatum* aus, so ist dieser Ansatz zu stark mit immanenten Problemen behaftet, so daß auch er nicht als Erklärungsmöglichkeit dienen kann.

Die durchgängige Problematik, die darin liegt, daß Augustinus Zeit einerseits als *creatum*, andererseits als *distentio animi*

---

[39] *„Et quod in toto cantico, hoc in singulis particulis eius fit atque in singulis syllabis eius, hoc in actione longiore, cuius forte particula est illud canticum, hoc in tota vita hominis, cuius partes sunt omnes actiones hominis, hoc in toto saeculo filiorum hominum, cuius partes sunt omnes vitae hominum."* (28,38/14ff.)

versteht, läßt deutlich werden, daß Zeit nicht aus der Ewigkeit, sondern aus der *anima*, der Subjektivität des Subjektes Mensch, begriffen werden muß. Wenn der bereits gemachte Versuch zuträfe, Zeit als *creatum* „*mittelbar*" als von der *anima* ständig neu geschaffene verstehen zu können, dann allerdings könnte im Hinblick auf das Verhältnis von Ewigkeit und Zeit gefragt werden, ob nicht der Mensch aufgrund seiner Teilhabe am höchsten Sein „... *in der Reflexion die Zeit als Spur der Ewigkeit zur Erscheinung*" bringt.[40] Die Inkomparabilität von Ewigkeit und Zeit könnte dann unter dieser Rücksicht als „*mittelbare*" *inseparabilis distinctio et tamen distinctio* gefaßt werden.

[40] R. Berlinger: Zeit und Zeitlichkeit, S. 510.

Resumée und Ausblick

Als Ergebnis der augustinischen Zeitüberlegungen stehen zwei Bestimmungen von Zeit, *creatum* und *distentio animi* zu sein. Die sich aus dieser doppelten Rücksicht der Zeitbestimmungen ergebende Problematik weist die Spannung zwischen offenbarungstheologischen Aussagen und der philosophischen Suche nach Einsicht auf. So gründet die Bestimmung der Zeit als *creatum* in der Genesisauslegung, während die *distentio animi* als Ergebnis der philosophischen Überlegungen Augustins zum Problem der Zeit angesehen werden kann. Trotz der daraus resultierenden Sachprobleme wird der Problemkomplex „Zeit" näher differenziert und eine Beschäftigung mit den Zeiterörterungen Augustins auch für ein heutiges Denken gewinnbringend, denn indem er die *anima humana* in den Mittelpunkt stellt, thematisiert er Fragen, die in der prinzipienverfaßten Subjektivität des Subjektes Mensch gründen und kraft ihrer Perennität nichts von ihrer Aktualität einbüßen. Die damit zugleich angesprochene Endlichkeit des Denkens hier und jetzt tritt besonders dort zu Tage, wo sich der Möglichkeit nach rückläufiges Denken philosophisch einzusehen sucht. Die endliche Bestimmtheit jedwedes Denkaktes nötigt dazu, sich immer wieder erneut den Grundfragen des Menschen zu stellen und damit auch der Frage nach der Zeit.

Der Versuch, die Zeit als *creatum* *„mittelbar"* — nämlich durch die *anima* stets neu geschaffene — zu interpretieren, gründet in der Auffassung, daß das Novum der augustinischen Zeiterörterung darin zu sehen ist, daß er Zeit, wenn er sie als *distentio animi* bestimmt, aus der Prinzipienwirklichkeit der *anima* begreift. Damit ist der Horizont von Zeit als ein *ontologischer* bestimmt. In ihm ist die Weichenstellung für das Ergebnis der Überlegungen zum Problem der Zeit zu sehen, daß es nicht einzig um eine *Definition*, sondern vielmehr um eine *Explikation* der Zeit geht. Indem der Mensch seine prinzipienverfaßten Möglichkeiten wirklicht, zeitigt er sich, was bedeutet, daß er seine prinzipiierten Möglichkeiten expliziert.

Daraus ergeben sich entscheidende Konsequenzen für das Zureichen bzw. Nicht-Zureichen des augustinischen Ansatzes in bezug auf sich heute stellende Fragen. Die Verortung der Zeit in der *anima humana* weist den Fragehorizont als Begründungshorizont aus, woraus einsichtig wird, daß nicht Detailfragen, sondern Grundlegungsfragen im Zentrum der augustinischen Überlegungen stehen. Gerade darin liegt ihre Bedeutung auch für ein heutiges Denken. Unter systematischer Rücksicht ist die *anima „vor“* der Zeit, unter faktischer Rücksicht hingegen ist das Verhältnis von beiden umzukehren, da der Mensch sich bereits in Zeit, und jetzt können wir sagen, in seiner eigenen Zeitlichkeit, vorfindet und sich sowohl seines Prinzipienstandes als auch seiner Endlichkeit erst eingedenk werden muß. Als Erklärungsgrund für „Zeit“ ist das Zureichen des augustinischen Ansatzes bestimmt von dem Zureichen des Prinzips der Subjektivität des Subjektes Mensch. Dieses gibt sowohl die Möglichkeit als auch die Grenze dieses Erklärungsgrundes der augustinischen Zeitbestimmung an.

Der Versuch der vorliegenden Arbeit, die grundlegenden Probleme der augustinischen Zeiterörterung aufzuzeigen, müßte nun seine Fortführung in der Behandlung dieser einzelnen sich ergebenden Problemstellungen finden.

Literaturverzeichnis

Primärliteratur:

Der lateinische Text wird nach folgenden Ausgaben zitiert:

AUGUSTINUS: Confessiones/Bekenntnisse, lat. u. dt. eingeleitet, übersetzt und erläutert von Josef Bernhart, 4. Auflage, München 1980

AUGUSTINUS: De genesi ad litteram imperfectus liber, Corpus Scriptorum Ecclesiasticorum Latinorum (CSEL) 28/1, 1894

AUGUSTINUS: De vera religione, Corpus Christianorum. Series Latina (CChr.SL) 32, 1962

AUGUSTINUS: De trinitate, CChr.SL 50/50A, 1968

AUGUSTINUS: De civitate dei, CChr.SL 47/48, 1955

Sekundärliteratur:

BACHSCHMIDT, Hansgeorg: Der Zeitbegriff bei Augustinus und die Orientierung eines modernen Zeitbegriffs an seinen Gedanken. In: Philosophisches Jahrbuch 60, 1950, S. 438–449

BERLINGER, Rudolph: Augustins dialogische Metaphysik, Frankfurt am Main 1962

BERLINGER, Rudolph: Das Nichts und der Tod, 2. durchgesehene Auflage, Frankfurt am Main 1972

BERLINGER, Rudolph: Zeit und Zeitlichkeit bei Aurelius Augustinus. In: Zeitschrift für Philosophische Forschung 7, 1953, S. 493–510

BRUNNER, Peter: Zur Auseinandersetzung zwischen antikem und christlichem Zeit- und Geschichtsverständnis bei Augustin. In: Zeitschrift für Theologie und Kirche, N. F. 14, 1933, S. 1–25

BUCHER, Alexius J.: Der Ursprung der Zeit aus dem Nichts. Zum Zeitbegriff Augustins. In: Recherches Augustiniennes 11, Paris 1976, S. 35–51

CONRAD-MARTIUS, Hedwig: Die Zeit. Ontologisch-metaphysische Untersuchung. In: Philosophischer Anzeiger, Bonn 1927/28, S. 143–182

DEL-NEGRO, Walther von: Diskussionsbemerkung zum Aristotelisch-Augustinischen Zeitparadoxon. In: Zeitschrift für Philosophische Forschung 20, 1966, S. 309–312

DINKLER, Erich: Die Anthropologie Augustins. Stuttgart 1934

DUCHROW, Ulrich: Der sogenannte psychologische Zeitbegriff Augustins im Verhältnis zur physikalischen und geschichtlichen Zeit. In: Zeitschrift für Theologie und Kirche 63, 1966, S. 267–288

FAUST, August: Der Möglichkeitsgedanke. Zweiter Teil: Christliche Philosophie. Heidelberg 1932

FISCHER, Norbert: Augustins Philosophie der Endlichkeit. Zur systematischen Entfaltung seines Denkens aus der Geschichte der Chorismos-Problematik. (Mainzer Philosophische Forschungen 28), Bonn 1987

FISCHER, Norbert: Sein und Sinn der Zeitlichkeit im philosophischen Denken Augustins. In: Revue des Études Augustiniennes 33, Paris 1987, S. 205–234

FLASCH, Kurt: Augustin. Einführung in sein Denken. Stuttgart 1980

GLOY, Karen: Die Struktur der Augustinischen Zeittheorie im XI. Buch der Confessiones. In: Philosophisches Jahrbuch 95, 1988, S. 72–95

HAEFFNER, Gerd: Bemerkungen zur augustinischen Frage nach dem Wesen der Zeit im XI. Buch der „Confessiones". In: Theologie und Philosophie 63, 1988, S. 569–578

HERRMANN, Friedrich-Wilhelm von: Bewußtsein, Zeit und Weltverständnis. Frankfurt am Main 1971

HONNEFELDER, Ludger: Die Einmaligkeit des Geschichtlichen. Die philosophischen Voraussetzungen der Geschichtsdeutung Augustins. In: Zeitschrift für Philosophische Forschung 40, 1986, S. 33–51

JANICH, Peter: Augustins Zeitparadox und seine Frage nach einem Standard der Zeitmessung. In: Archiv für Geschichte der Philosophie 54, 1972, S. 168–186

KAISER, Hermann-Josef: Augustinus. Zeit und „Memoria". (Abhandlungen zur Philosophie, Psychologie und Pädagogik, Bd. 67), Bonn 1969

LAMPEY, Erich: Das Zeitproblem nach den Bekenntnissen Augustins. In: Wissenschaft und Weisheit 22, 1959, S. 1–16; 119–148; 190–203

LECHNER, Odilo: Idee und Zeit in der Metaphysik Augustins. (Salzburger Studien zur Philosophie 5), München, Pustet 1964

MEIJERING, E. P.: Augustin über Schöpfung, Ewigkeit und Zeit. Das elfte Buch der Bekenntnisse. (Philosophia Patrum 4), Leiden, E. J. Brill 1979

PRZYWARA, Erich S. J.: Analogia Entis. Metaphysik, München 1932

PRZYWARA, Erich S. J.: Augustinus. Die Gestalt als Gefüge. Leipzig 1934

RUDOLPH, Enno: Einheit und Differenz. Anmerkungen zu Augustins Zeitauffassung im XI. Buch der „Confessiones". In: K. Gloy und E. Rudolph (Hrsg.): Einheit als Grundfrage der Philosophie. Darmstadt 1985, S. 102–119

SCHMIDT, Ernst A.: Zeit und Geschichte bei Augustin. (Sitzungsbericht der Heidelberger Akademie der Wissenschaften, Philosophisch- historische Klasse, Bericht, Jg. 1985, 3) Heidelberg 1985

SCHMIDT, J. H. H.: Handbuch der lateinischen und griechischen Synonymik. Leipzig 1889, reprographischer Nachdruck der 1. Auflage, Amsterdam 1968

SCHMITT, Brigitte: Der Geist als Grund der Zeit. Die Zeitauslegung des Aurelius Augustinus. Diss. Freiburg/Breisgau 1967

SCHOBINGER, Jean Pierre: Augustins Begründung der „inneren Zeit". In: Schweizer Monatshefte 46, 1966, S. 179–192

SCHRADER, Wiebke: Die Erprobung der Mitte. Abbreviatur zu einem augustinischen Topos. In: Perspektiven der Philosophie, Neues Jahrb., ed. R. Berlinger – E. Fink† – F. Kaulbach – W. Schrader, Bd. IV, Amsterdam – Hildesheim 1978, S. 215–231 [dazu: Anmerkungen und Exkurse I, Bd. V, 1979, S. 135–168; Anmerkungen und Exkurse II, Bd. VI, 1980, S. 237–268; Anmerkungen und Exkurse III, Bd. VII, 1981, S. 277–288]

SCHRADER, Wiebke: Gott als Weltproblem oder der Begründungsengpaß des anthropologischen Weltgrundes. In: Wo Sprache aufhört ... Herbert von Karajan zum 5. April 1988. Herausgegeben von Heinz Götze und Walther Simon, Berlin, Heidelberg 1988, S. 129–148

SCHRADER, Wiebke: Zu Augustins ontologischer Aporie der Zeit. Zwei Interpretationen. In: Weltaspekte der Philosophie 1972, S. 269–281

SCHÜTZ, Ludwig: Thomas-Lexikon. Sammlung, Übersetzung und Erklärung der in sämtlichen Werken des h. Thomas von Aquin vorkommenden Kunstausdrücke und wissenschaftlichen Aussprüche. Photolithographischer Nachdruck der zweiten, sehr vergrösserten Auflage, Paderborn 1895

SÖHNGEN, G.: Der Aufbau der augustinischen Gedächtnislehre. In: Einheit in der Theologie, München 1952, S. 63–100

STEINHOFF, Martin: Zeitbewußtsein und Selbsterfahrung. Studien zum Verhältnis von Subjektivität und Zeitlichkeit im vorkantischen Empirismus und in den Transzendentalphilosophien Kants und Husserls. 2 Bde, Würzburg 1983 (Epistemata, Würzburger Wissenschaftliche Schriften, Reihe Philosophie Bd. XIV)

WEIS, Josef: Die Zeitontologie des Kirchenlehrers Augustinus nach seinen Bekenntnissen. Augustinus Confessiones XI. Buch: 14–28 Kp. In: Europäische Hochschulschriften (Reihe 20, Philosophie 135), Frankfurt am Main, Bern, New York 1984

Zum Schluß möchte ich denjenigen danken, die mich während des Entstehens dieser Arbeit begleitet und gefördert haben: im besonderen meinen Lehrern Frau Prof. Wiebke Schrader und Herrn Prof. Rudolph Berlinger für ihre fortwährende Unterstützung und die Möglichkeit, diese Studien zu veröffentlichen; ebenfalls Herrn Prof. Gotthold Müller für sein unentwegtes Interesse und die fruchtbaren Auseinandersetzungen sowie Herrn Thomas Grund für die unentbehrliche Hilfe, nicht nur bei der Erstellung des Satzes.

D. G.

www.ingramcontent.com/pod-product-compliance
Ingram Content Group UK Ltd.
Pitfield, Milton Keynes, MK11 3LW, UK
UKHW042122021026
15589UKWH00002B/580

9 789051 834536